PREFACE 머리말

미용사(피부) 필기시험은 피부미용 분야에서 요구되는 기초 이론과 관련 지식을 평가하는 국가기술자
격시험으로, 위생관리, 피부미용 이론, 피부과학, 화장품학 등의 내용을 포함하고 있습니다.

본 교재는 해당 시험 과목의 범위를 기준으로, 학습자가 필기시험에 필요한 기본적인 이론 체계를 이해
하고 학습 내용을 정리하는 데 참고할 수 있도록 구성되었습니다.
각 과목별 핵심 개념을 중심으로 내용을 정리하여 전반적인 학습 흐름을 파악할 수 있도록 하였으며,
관련 문제를 함께 수록하여 학습자가 스스로 이해도를 점검할 수 있도록 하였습니다.
복잡한 이론은 가능한 범위 내에서 간결하게 정리하되, 시험 과목의 내용에서 벗어나지 않도록 구성에
유의하였습니다.

본 교재가 미용사(피부) 필기시험을 준비하는 학습자가 시험 과목 전반을 이해하고 기초 학습 자료로
활용하는 데 도움이 되기를 바랍니다.

집필진 드림

GUIDE 피부미용사 시험정보

✅ 기본정보

개요	피부미용업무는 공중위생분야로서 국민의 건강과 직결되어 있는 중요한 분야로 향후 국가의 산업구조가 제조업에서 서비스업 중심으로 전환되는 차원에서 수요가 증대
수행직무	얼굴 및 신체의 피부를 아름답게 유지·보호·개선 관리하기 위하여 각 부위와 유형에 적절한 관리법과 기기 및 제품을 사용하여 피부미용을 수행
실시기관 홈페이지	http://www.q-net.or.kr
실시기관명	한국산업인력공단
진로	피부미용사, 미용강사, 화장품 관련 연구기관, 피부미용업 창업, 유학 등

✅ 응시접수

응시자격	제한 없음
원서접수	• 접수방법: 큐넷 홈페이지에서 접수 • 접수시간: 원서접수 첫날 10:00부터 마지막 날 18:00까지
시행방법	• 기간: 상시검정(공고 기간 내 접수) • 방법: CBT 방식 • 장소: 전국 시험장
수수료	• 필기: 14,500원 • 실기: 27,300원

✅ 시험방식

구분	시험과목	문항수	검정방식	시간	합격기준
필기	피부미용학, 피부학, 해부생리학, 피부미용기기학, 공중위생관리학 (공중보건학, 소독, 공중위생법규), 화장품학 등	60문항	객관식 4지 택일형	60분	100점 만점으로 하여 60점 이상
실기	피부미용실무	3과제	작업형	2~3시간 정도	

✅ 출제기준

필기 과목명	주요항목	세부항목
해부생리, 미용기기·기구 및 피부미용관리	피부미용이론	피부미용개론, 피부분석 및 상담, 클렌징, 딥 클렌징, 피부유형별 화장품 도포, 매뉴얼 테크닉, 팩 마스크, 제모, 신체 각 부위(팔, 다리 등) 관리, 마무리, 피부와 부속기관, 피부와 영양, 피부장애와 질환, 피부와 광선, 피부면역, 피부노화
	해부생리학	세포와 조직, 뼈대(골격)계통, 근육계통, 신경계통, 순환계통, 소화기계통
	피부미용 기기학	피부미용기기 및 기구, 피부미용기기 사용법
	화장품학	화장품학개론, 화장품제조, 화장품의 종류와 기능
	공중위생관리학	공중보건학, 소독학, 공중위생관리법규(법, 시행령, 시행규칙)

✅ 합격률

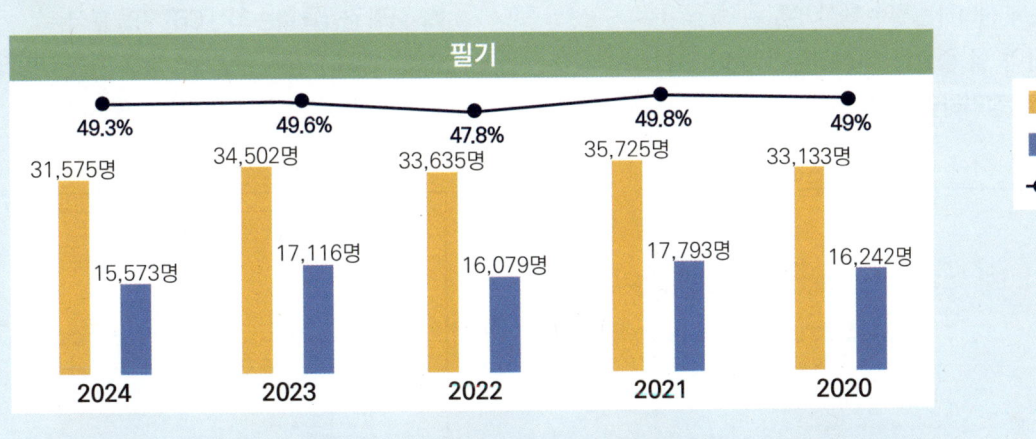

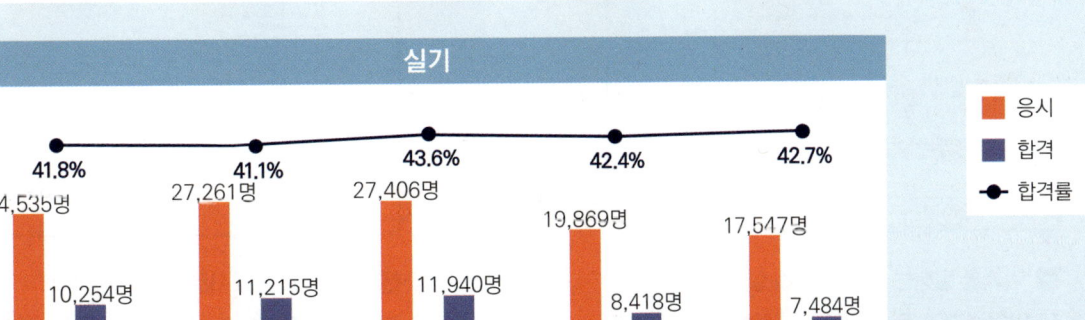

GUIDE 구성과 특징

Step 01

합격비법 손글씨 핵심요약

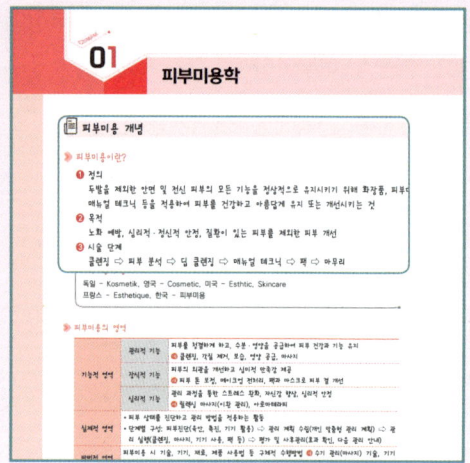

✅ 한눈에 정리하는 필수 핵심이론

꼭 알아야 할 중요한 핵심이론만 눈이 편한 손글씨로 정리하였습니다.

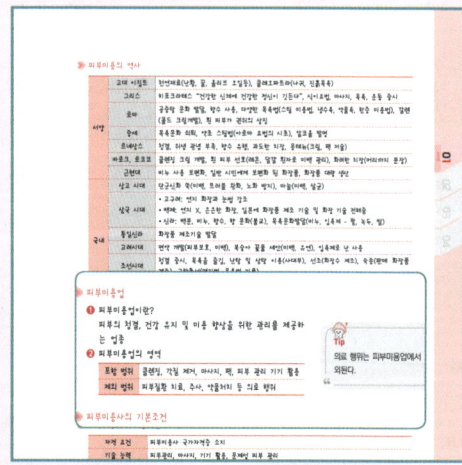

✅ 이해를 넓히는 보충 설명 & 실전 Tip

더 알아보기와 Tip을 통해 문제해결력을 높이고 학습효과를 극대화할 수 있습니다.

Step 02

8개년 CBT 기출복원문제

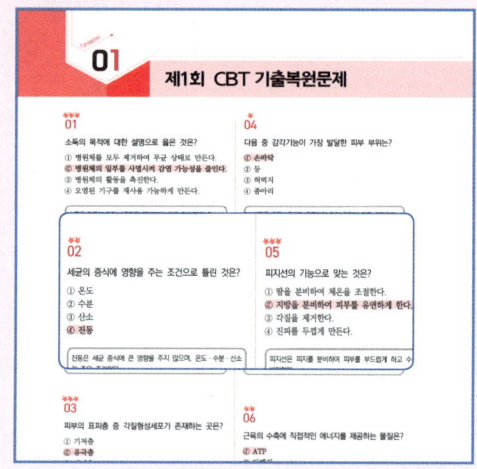

✅ 출제 경향을 읽는 최신 CBT 기출 분석

8개년 CBT 기출복원문제를 통해 기출 유형 및 출제 경향을 정확하게 파악할 수 있습니다.

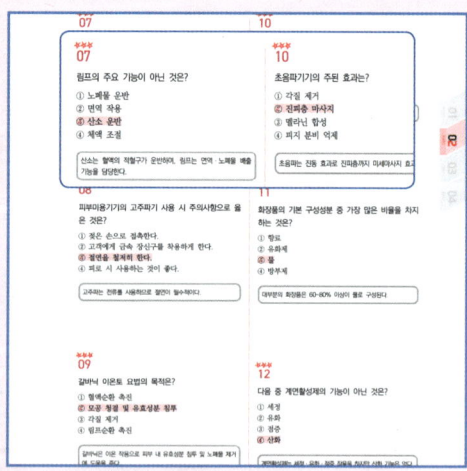

✅ 빈출중요도 표시로 효율적인 학습

문항별 빈출중요도 표시와 명확한 해설로 능률적인 학습이 가능합니다.

Step 03

파이널 CBT 실전모의고사

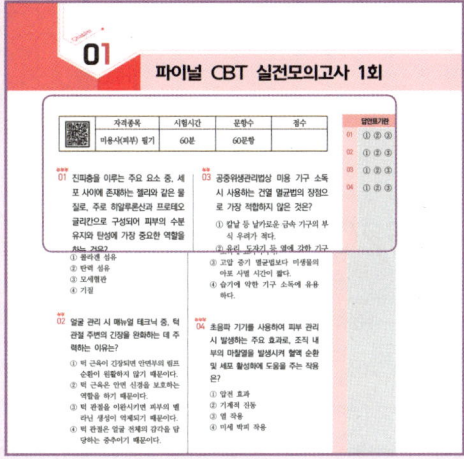

✅ 실전과 동일한 CBT 모의고사 구성

실제 시험과 동일한 유형의 실전모의고사로 실전 감각을 완성할 수 있습니다.

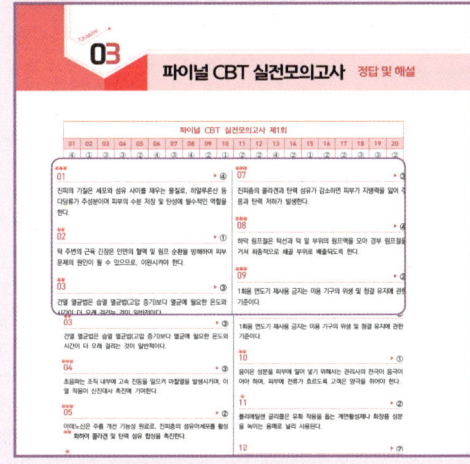

✅ 핵심을 짚는 문제해결 중심 해설

핵심만 정확히 짚어주는 해설로 문제해결 스킬을 향상시킬 수 있습니다.

Step 04

최빈출 실전 60제

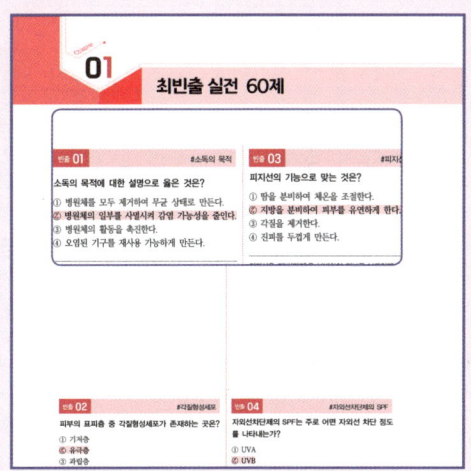

✅ 합격을 좌우하는 최빈출 문제 압축 정리

출제 빈도가 높은 최빈출 60문제로 합격을 위한 핵심 정리를 완성할 수 있습니다.

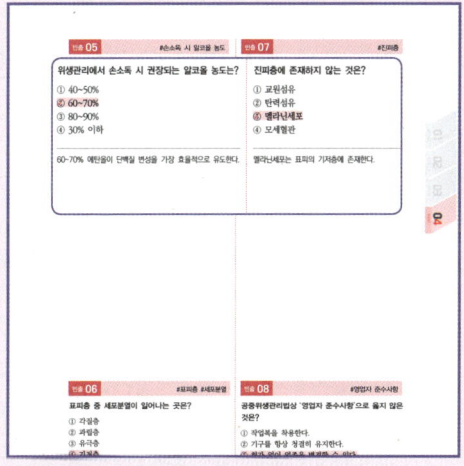

✅ 시험 직전 빠른 최종 점검 시스템

간단한 해설과 한눈에 보이는 정답으로 시험 직전 빠른 최종 점검이 가능합니다.

CONTENTS 목차

FAQ

Q 피부미용사 자격증 시험은 어떤 과목으로 구성되어 있나요?

A 피부미용사 자격증 시험은 필기시험과 실기시험으로 구성되어 있습니다. 필기시험은 피부미용학, 피부학, 해부생리학, 피부미용기기학, 공중위생관리학, 화장품학 등의 이론 과목으로 출제되며, 실기시험은 피부관리 전반에 대한 실제 시술 능력을 평가합니다.

Q 이 교재는 필기와 실기 중 어디에 더 적합한가요?

A 본 교재는 필기시험 대비를 중심으로 구성되어 있으며, 시험에 자주 출제되는 핵심 이론과 기출 유형을 체계적으로 정리하였습니다.

Q 피부미용사 시험은 암기 위주인가요, 이해가 중요한가요?

A 기본적인 암기는 필요하지만, 이해를 바탕으로 한 학습이 훨씬 중요합니다. 본 교재는 단순 암기보다는 원리와 개념을 쉽게 이해할 수 있도록 구성하여, 문제 응용력과 실전 대응력을 높일 수 있도록 돕습니다.

Q 처음 공부하는 수험생도 이 교재로 준비할 수 있나요?

A 네, 가능합니다. 기초 개념부터 단계적으로 설명하고, 어려운 용어는 쉽게 풀어 설명하여 초보 수험생도 부담 없이 학습할 수 있도록 구성하였습니다.

Q 효과적인 학습 방법은 무엇인가요?

A 먼저 본문 이론을 통해 기본 개념과 전체 흐름을 이해한 후, CBT 기출복원문제를 풀며 실제 시험에 자주 출제되는 유형을 익히는 것이 좋습니다. 이후 파이널 CBT 실전모의고사를 통해 시험과 동일한 환경에서 문제를 풀어보며 실전 감각을 점검하고, 마지막으로 최빈출 문제를 반복 학습하여 반드시 나오는 핵심 내용을 정리하면 보다 효율석인 학습이 가능합니다.

PART

01

합격비법
손글씨 핵심요약

Chapter 01

피부미용학

📋 피부미용 개념

▶ 피부미용이란?

❶ 정의
두발을 제외한 안면 및 전신 피부의 모든 기능을 정상적으로 유지시키기 위해 화장품, 피부미용기기, 매뉴얼 테크닉 등을 적용하여 피부를 건강하고 아름답게 유지 또는 개선시키는 것

❷ 목적
노화 예방, 심리적·정신적 안정, 질환이 있는 피부를 제외한 피부 개선

❸ 시술 단계
클렌징 ⇨ 피부 분석 ⇨ 딥 클렌징 ⇨ 매뉴얼 테크닉 ⇨ 팩 ⇨ 마무리

> ☑ **더 알아보기**
>
> **피부미용의 용어**
> 독일 – Kosmetik, 영국 – Cosmetic, 미국 – Esthtic, Skincare
> 프랑스 – Esthetique, 한국 – 피부미용

▶ 피부미용의 영역

기능적 영역	관리적 기능	피부를 청결하게 하고, 수분·영양을 공급하여 피부 건강과 기능 유지 예 클렌징, 각질 제거, 보습, 영양 공급, 마사지
	장식적 기능	피부의 외관을 개선하고 심미적 만족감 제공 예 피부 톤 보정, 메이크업 전처리, 팩과 마스크로 피부 결 개선
	심리적 기능	관리 과정을 통한 스트레스 완화, 자신감 향상, 심리적 안정 예 릴렉싱 마사지(이완 관리), 아로마테라피
실제적 영역		• 피부 상태를 진단하고 관리 방법을 적용하는 활동 • 단계별 구성: 피부진단(육안, 촉진, 기기 활용) ⇨ 관리 계획 수립(개인 맞춤형 관리 계획) ⇨ 관리 실행(클렌징, 마사지, 기기 사용, 팩 등) ⇨ 평가 및 사후관리(효과 확인, 다음 관리 안내)
방법적 영역		피부미용 시 기술, 기기, 재료, 제품 사용법 등 구체적 수행방법 예 수기 관리(마사지) 기술, 기기 사용, 제품 선택·혼합 및 적용

피부미용의 역사

서양	고대 이집트	천연재료(난황, 꿀, 올리브 오일등), 클레오파트라(나귀, 진흙목욕)
	그리스	히포크라테스 "건강한 신체에 건강한 정신이 깃든다", 식이요법, 마사지, 목욕, 운동 중시
	로마	공중탕 문화 발달, 향수 사용, 다양한 목욕법(스팀 미용법, 냉수욕, 약물욕, 한증 미용법), 갈렌(콜드 크림개발), 흰 피부가 권위의 상징
	중세	목욕문화 쇠퇴, 약초 스팀법(아로마 요법의 시초), 알코올 발명
	르네상스	청결, 위생 관념 부족, 향수 유행, 과도한 치장, 몽테뉴(크림, 팩 저술)
	바로크, 로코코	클렌징 크림 개발, 흰 피부 선호(레몬, 달걀 흰자로 미백 관리), 화려한 치장(머리까지 분장)
	근현대	비누 사용 보편화, 일반 시민에게 보편화 된 화장품, 화장품 대량 생산
국내	상고 시대	단군신화 쑥(미백, 트러블 완화, 노화 방지), 마늘(미백, 살균)
	삼국 시대	• 고구려: 연지 화장과 눈썹 강조 • 백제: 연지 X, 은은한 화장, 일본에 화장품 제조 기술 및 화장 기술 전해줌 • 신라: 백분, 비누, 향수, 향 문화(불교), 목욕문화발달(비누, 입욕제 - 팥, 녹두, 쌀)
	통일신라	화장품 제조기술 발달
	고려시대	면약 개발(피부보호, 미백), 복숭아 꽃물 세안(미백, 유연), 입욕제로 난 사용
	조선시대	청결 중시, 목욕을 즐김, 난탕 및 삼탕 이용(사대부), 선조(화장수 제조), 숙종(판매 화장품 제조), 규합총서(면지법, 목욕법 기록)
	근현대	'박가분' 판매, 60년대(비타민, 호르몬 활성성분 원료 사용), 70년대(명동에 피부관리실), 화장품 산업 확대

피부미용업

❶ 피부미용업이란?
피부의 청결, 건강 유지 및 미용 향상을 위한 관리를 제공하는 업종

❷ 피부미용업의 영역

포함 범위	클렌징, 각질 제거, 마사지, 팩, 피부 관리 기기 활용
제외 범위	피부질환 치료, 주사, 약물처치 등 의료 행위

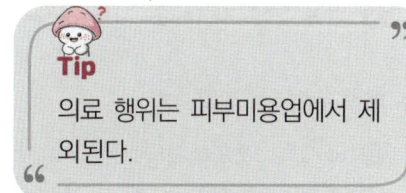

Tip

의료 행위는 피부미용업에서 제외된다.

피부미용사의 기본조건

자격 요건	피부미용사 국가자격증 소지
기술 능력	피부관리, 마사지, 기기 활용, 문제성 피부 관리
위생·안전 지식	감염 예방, 소독, 개인위생, 기구 관리
윤리·태도	고객 배려, 전문성, 정직성, 서비스 마인드

➠ 피부미용사의 자세

작업자세	올바른 손동작, 몸의 균형, 고객과의 거리 유지
개인위생	손 씻기, 손톱 관리, 청결한 작업복
위생관리	기구 소독, 작업대 청결, 일회용품 사용, 환경 관리

➠ 피부관리실의 환경 및 위생관리

❶ 내부 환경

조명	75룩스 이상
습도	40~60%

❷ 위생관리

시설 위생	바닥, 벽, 작업대, 기기 및 의자 청소
기구·도구 위생	소독, 멸균, 일회용품 활용
환경 관리	환기, 쓰레기 처리, 습기·세균 번식 방지
직원 관리	개인위생, 작업복 청결, 건강 상태 확인

📋 피부분석

➠ 피부분석의 목적

❶ 피부관리의 효과를 위해 피부 상태 분석이 중요
❷ 피부상태를 정확히 파악하여 적절한 피부 관리법, 제품, 관리방법을 선택하기 위함
❸ 피부관리 전 기초 진단 단계로, 고객 상담 시 반드시 수행하여야 함

➠ 피부분석의 주의사항

❶ 고객의 병력사항을 반드시 상담 및 기록
❷ 유경험 고객의 사전 관리내용 상담 및 기록
❸ 병원치료 및 약물치료 경험 기록
❹ 고객이 사용하는 화장품 종류 및 제품 파악
❺ 고객의 사생활 및 개인정보 공개·유출 금지
❻ 전문가로서 관리방법 및 절차 설명

➤ 피부분석 방법

❶ 문진

목적과 방법	• 외적으로 보이는 피부 이상뿐 아니라 내부 요인과 환경적 영향을 함께 파악하는 것이 목적 • 고객의 생활습관, 건강상태, 피부문제의 원인을 파악하기 위한 질문 단계
주요 질문내용	• 현재 피부고민(트러블, 건조, 민감, 주름 등)은 무엇인가? • 생활습관(수면습관, 식습관, 스트레스, 음주, 흡연 등)은 어떠한가? • 평소 사용하는 화장품의 종류와 사용습관은 어떠한가? • 알레르기, 약물 복용, 질환 이력은 있는가? • 자외선 노출, 직업환경, 계절적 요인 등 외부 환경은 어떤가?
분석 포인트	• 피부 문제의 근본 원인을 파악할 수 있으며, 관리 방향을 결정하는 기초 자료로 활용 • 피부 건강에 큰 영향을 주는 것은 스트레스, 호르몬 변화, 영양상태 등 내적 요인
주의사항	• 사적인 질문은 피하고, 고객이 편안하게 답변할 수 있는 분위기를 조성 • 상담 내용은 정확히 기록하고, 개인정보는 비밀 유지

❷ 촉진

목적과 방법	• 육안으로 알 수 없는 피부의 실제 감각적 상태를 파악하는 것이 목적 • 손끝의 감각을 이용하여 피부의 질감, 두께, 탄력, 온도, 유분 상태 등을 직접 확인
촉진방법	• 이마, 볼, 코, 턱 등의 부위를 손끝으로 가볍게 눌러 피부의 반응을 관찰 • 손끝의 감각으로 피부의 온도, 질감, 피지 정도, 탄력, 거칠기 등을 파악
분석 포인트	• 피부가 거칠거나 당기면 건성 또는 각질 과다 상태 • 끈적이거나 미끄럽다면 피지 분비가 많아 지성 피부일 가능성이 높음 • 피부 온도가 낮으면 혈액순환이 원활하지 않은 경우가 많고, 탄력이 떨어지면 노화 또는 수분이 부족할 경우가 많음
주의사항	• 손의 청결을 유지하고, 고객이 불쾌감을 느끼지 않도록 손의 온도 조정 • 너무 강한 압력은 피하고, 일정하고 부드러운 손끝으로 관찰 • 고객의 표정과 반응을 함께 살피면서 촉진

❸ 견진

목적과 방법		• 눈으로 피부의 외관을 관찰하여 전체적인 상태를 평가하는 것이 목적 • 시각적으로 피부색, 모공, 주름, 혈행, 각질, 색소, 트러블 등을 확인
관찰항목	피부색	밝기, 균일도, 홍조, 잡티, 색소침착 여부
	모공 상태	크기, 분포, 피지량
	주름 상태	위치, 방향, 깊이
	각질 상태	두께, 일어남, 고르지 못한 부분
	트러블	여드름, 붉은 기, 염증, 부종 등
분석 포인트		• 피부색이 밝고 고르게 유지되면 혈행 원활 상태 • 모공이 크고 번들거림이 있다면 피지 분비가 많아 지성 피부일 가능성이 높음 • 피부가 거칠고 각질이 일어나면 건성 또는 탈수 피부일 가능성이 높음 • 홍조와 붉은 기, 염증이 잦다면 민감성 피부

주의사항	• 관찰은 자연광 또는 표준 조명 아래에서 시행 • 화장품 잔여물을 완전히 제거한 후 관찰 • 정확도 높이려면 확대경이나 루페 사용

④ 기기 판독법

목적과 방법		• 전문 측정기기를 사용하여 피부 상태를 수치화하고, 객관적으로 분석하여 관리계획을 수립하는 것이 목적 • 피부 수분, 피지, 탄력, 모공, 색소, 혈행 등의 항목을 정량적으로 측정
주요 측정기기와 측정항목	수분계	피부의 수분 함유량 측정
	피지계	피지 분비량 측정 (T존과 U존 비교)
	탄력 측정기	피부의 복원력과 탄력 측정
	모공 측정기	모공의 크기와 분포 확인
	피부 분석기	수분, 피지, 색소, 각질, 혈행 등 종합분석
	우드램프	색소 침착, 피지, 각질의 상태를 형광색 변화로 판별
분석 포인트		• 기기 데이터는 객관적이지만, 반드시 문진·촉진·견진 결과와 함께 종합적으로 해석 • 환경(조명, 온도, 습도)에 따라 수치가 달라질 수 있으므로 일정한 조건에서 측정
주의사항		• 기기 사용 전후에는 반드시 철저한 소독 • 측정 부위는 일정하게 유지하고, 측정 전에는 화장품 잔여물을 제거 • 측정 결과는 고객이 이해하기 쉽게 설명해야 하며, 자료는 관리기록지에 보관

피부 상태 분석

① 유분 함유량(피지량)
- 피지선의 활동 정도를 나타내며, 피부의 보호막 형성과 수분 유지에 영향을 줌
- 분석방법
  - 육안으로 T존과 U존의 윤기, 번들거림 정도 관찰
  - 피지 측정기(피지계)를 이용하여 수치 확인
- 판단기준

유분 많음	번들거림, 모공 확장, 여드름 발생 가능
유분 보통	윤기 있음, 균형 유지
유분 적음	건조, 당김, 각질 발생

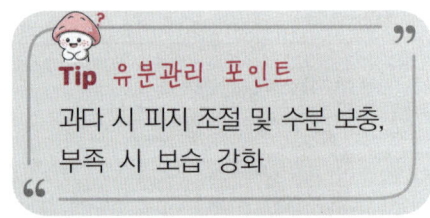

Tip 유분관리 포인트
과다 시 피지 조절 및 수분 보충,
부족 시 보습 강화

② 수분 함유량
- 피부의 유연성과 탄력을 유지하는 중요한 요소로, 건조 여부를 판단
- 분석방법
  - 촉진 시 거칠고 당김이 느껴지는지 확인
  - 수분 측정기(수분계)를 이용하여 수치를 측정

- 판단기준

수분 많음	매끄럽고 윤기 있음
수분 보통	약간의 건조감
수분 적음	거칠고 각질이 일어남

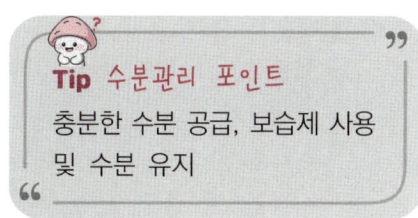

Tip 수분관리 포인트
충분한 수분 공급, 보습제 사용 및 수분 유지

❸ 탄력
- 피부의 섬유조직(콜라겐, 엘라스틴) 상태를 반영하며, 노화 정도를 파악하는 지표
- 분석방법
  - 손끝으로 볼·턱 부위를 눌러 반발력을 확인
  - 피부 탄력 측정기를 사용
- 판단기준

탄력 좋음	즉시 복원됨
탄력 보통	느리게 복원
탄력 나쁨	처짐, 주름 발생

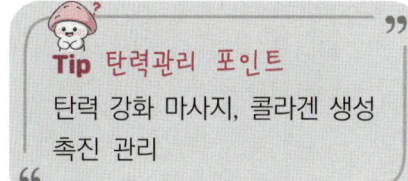

Tip 탄력관리 포인트
탄력 강화 마사지, 콜라겐 생성 촉진 관리

❹ 각질화 상태
- 각질의 두께와 탈락 상태로 피부의 재생주기와 건강 상태를 파악
- 분석방법
  - 육안으로 각질의 두께, 들뜸, 비늘 형태 관찰
  - 촉진으로 거칠기 정도 확인
- 판단기준

각질 정상	매끄럽고 윤기 있음
각질 과다	하얗게 일어나거나 거침
각질 부족	윤기 없고 무광택

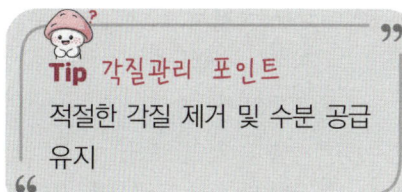

Tip 각질관리 포인트
적절한 각질 제거 및 수분 공급 유지

❺ 모공 크기
- 피지 분비량 및 탄력 저하와 밀접하게 관련
- 분석방법
  - 확대경으로 T존, 볼 부위의 모공 상태 관찰
  - 피부 톤 및 피지 분비와의 관계 분석
- 판단기준

모공 좁음	매끄럽고 균일한 피부
모공 보통	약간 보임
모공 넓음	피지 과다, 탄력 저하

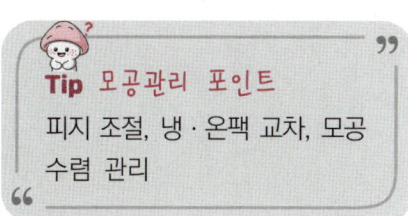

Tip 모공관리 포인트
피지 조절, 냉·온팩 교차, 모공 수렴 관리

6 혈액순환 상태

- 혈류량은 피부의 산소 공급과 노폐물 배출에 영향
- 분석방법
  - 피부색, 온도, 탄력, 윤기 등을 관찰
  - 손끝으로 온도, 냉감, 창백한 정도를 확인
- 판단기준

혈액순환 양호	생기 있고 혈색 좋음
혈액순환 보통	약간의 창백함
혈액순환 불량	칙칙함, 냉감, 푸른빛 또는 검붉은 톤

Tip 혈액순환관리 포인트
온열 관리, 혈행 촉진 마사지, 순환개선 제품 활용

7 예민도

- 외부 자극에 대한 피부의 반응 정도를 의미
- 분석방법
  - 피부색 변화(홍조, 발진 등) 여부 관찰
  - 문진을 통해 가려움, 따가움 등의 증상 확인
- 판단기준

예민도 높음	홍조, 따가움, 자극 시 반응 빠름
예민도 보통	자극에 가벼운 반응
예민도 낮음	자극에 안정적

Tip 예민도관리 포인트
저자극, 진정 중심 관리, 제품 선택 시 성분 주의

8 기타(색소침착, 주름, 여드름 등)

- 피부 문제의 특이사항으로, 전반적인 피부 상태 판단에 참고
- 분석방법
  - 색소 침착 부위, 주름 깊이, 여드름 상태 등을 시진
  - 필요시 우드램프를 사용하여 색소 및 피지 상태 확인
- 미백, 재생, 여드름 관리 등 문제별 전문관리 적용

📋 피부 관리

▶ 피부유형의 분류 기준

피지 분비량과 수분 함유량을 기준으로 구분

지성	피지량 많음 + 수분 적음
건성	피지량 적음 + 수분 적음
중성	피지량·수분 균형
복합성	부분별로 다름
민감성	민감하게 반응

▶ 피부유형별 특징과 관리방법

❶ 건성 피부

특징	• 피지 분비가 적어 유·수분 균형 깨짐 • 피부가 당기고, 각질이 잘 발생 • 잔주름이 쉽게 생기고 탄력 저하
관리방법	• 수분과 유분을 충분히 보충 • 보습크림, 수분팩, 오일마사지 사용 • 알코올 성분이 함유된 화장품 사용 자제

❷ 중성 피부

특징	• 피지와 수분이 균형을 이루며 건강한 상태를 유지 • 피부결이 곱고 촉촉하며 작은 모공 • 트러블이 거의 발생하지 않음
관리방법	• 정상적인 세안과 기본 보습 관리를 유지 • 계절 변화에 따라 관리 방법을 조절

❸ 지성 피부

특징	• 피지 분비가 많아 번들거림이 나타남 • 모공이 넓고 블랙헤드와 여드름이 쉽게 발생 • 피부가 두껍고 윤기가 남
관리방법	• 피지 분비를 조절하고 청결을 유지 • 유분이 적은 수분크림을 사용 • 정기적으로 딥 클렌징과 팩 관리를 시행

❹ 복합성 피부

특징	• T존(이마, 코, 턱)은 지성이고, U존(볼, 턱선)은 건성 • 부위별로 피부 상태가 다르게 나타남
관리방법	• T존은 피지 조절과 수렴화장수를 사용 • U존은 보습을 강화 • 부위별로 구분하여 복합 관리

❺ 민감성 피부

특징	• 외부 자극이나 온도 변화, 화장품 등에 쉽게 반응 • 홍반, 가려움, 열감 등의 증상이 나타남 • 피부층이 얇고 모세혈관이 확장
관리방법	• 자극이 없는 저자극성 화장품을 사용 • 진정팩과 수분공급 위주의 관리 • 알코올, 향료, 강산성 제품 사용을 자제

✅ 더 알아보기

피부유형 진단 시 유의사항
• 세안 후 2~3시간이 지난 상태에서 피부를 관찰
• 시진, 촉진, 문진을 병행하여 진단
• 계절, 호르몬, 스트레스 등의 외적·내적 요인 고려
• 1회성 판단보다 지속적인 관찰 필요

클렌징

❶ 의미

피부 표면의 먼지, 피지, 화장품 찌꺼기, 각질 등을 제거하여 피부를 청결히 하고 다음 단계의 관리가 원활하도록 준비하는 과정

❷ 목적

• 피부 표면의 오염물질과 피지를 제거
• 모공 속 노폐물을 제거하여 트러블을 예방
• 피부의 혈액순환을 돕고 피부를 청결하게 유지
• 다음 단계의 흡수력과 관리 효과를 높임

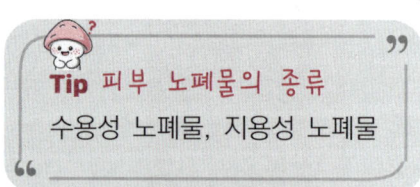

Tip 피부 노폐물의 종류
수용성 노폐물, 지용성 노폐물

❸ 클렌징 제품

씻어내는 타입	비누, 클렌징폼
닦아내는 타입	클렌징 크림, 클렌징 로션, 클렌징 밀크

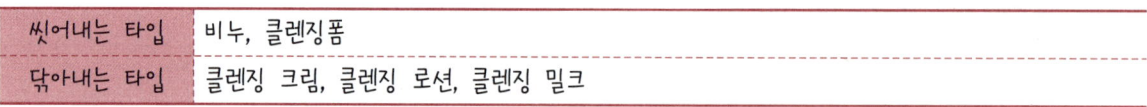

❹ 클렌징 단계 및 관리

포인트 메이크업 클렌징	민감 부위(눈, 입술)에 리무버 사용
안면 클렌징	장시간 실시할 경우 노폐물 흡수 위험
화장수 도포	유연, 수렴, 소독

❺ 딥 클렌징

물리적	스크럽, 고마쥐, 솔과 기기
화학적	AHA, BHA
생물학적	효소
복합적	다양한 딥 클렌징을 복합적으로 사용
부적합 피부	모세혈관 확장 피부, 여드름 피부, 염증성 여드름 피부, 홍반 피부 등

매뉴얼 테크닉

❶ 기본 5가지 동작

문지르기 (강찰법)	• 강하게 문지르기	
	• 노폐물 제거에 효과적	
쓰다듬기 (경찰법)	• 손가락이나 손의 바닥면으로 가볍게 쓰다듬기	
	• 주로 마사지 시작과 마무리에 사용	
	• 혈액순환에 효과적	
	• 표면 경찰법과 심부경찰법이 있음	
반복하여 주무르기 (유연법)	• 임파선과 정맥의 작용을 높임	
	• 롤링, 폴링, 린징, 처킹 기법이 있음	
	롤링	원을 그리듯 주무르기
	폴링	주름을 잡듯 주무르기
	린징	빨래를 짜듯 주무르기
	처킹	상하로 훑어주듯 주무르기
두드리기 (타진법, 고타법)	• 손바닥, 손가락 끝, 주먹으로 두들기기	
	• 상처, 예민한 곳, 돌출된 뼈 등은 삼갈 것	
	• 태핑, 커핑, 슬래핑, 비팅, 해킹의 기법이 있음	
	태핑	손가락 바닥이나 손의 옆면으로 두들기기
	커핑	손을 컵 모양으로 움켜쥐고 두들기기
	슬래핑	손바닥의 손금 부분으로 두들기기
	비팅	살짝 주먹을 쥐고 두들기기
	해킹	손등으로 두들기기
떨기 (진동법)	• 기계나 손을 이용하여 진동을 줌	
	• 마비와 경련에 효과적	

❷ 기본 동작 외 닥터자켓법, 압박법, 관절 운동법(자동, 수동) 등이 있음
❸ 관리방법
  - 알맞은 속도와 리듬감으로 관리
  - 방향: 안 ⇨ 밖, 아래 ⇨ 위, 근육 결에 따라 진행

▶ 팩, 마스크

❶ 특징

팩	차단막이 형성되지 않아 공기, 열이 통함, 피부 수축시켜 긴장감을 줌
마스크	차단막 형성으로 공기와 열이 통과 X, 온도 상승으로 모공이 확장되어 유효 성분 침투율을 높임

❷ 분류

형태 기준	파우더(분말), 크림, 젤, 점토(클레이), 종이, 모델링(고무)
제거 방법 기준	필 오프, 워시 오프, 티슈 오프
온도 기준	웜 마스크, 콜드 마스크

✔️더 알아보기

기능성 특수 마스크

석고, 모델링, 콜라겐 벨벳, 파라핀 마스크

▶ 제모

❶ 구분

일시적 제모	면도기 이용, 핀셋 이용, 화학적 제모, 왁스 이용(온 왁스, 냉 왁스)
영구 제모	전기 분해법, 레이저 제모

❷ 주의사항
  - 예민, 상처, 질환, 염증 피부는 제모하지 않음
  - 유분과 수분 완전히 제거한 후 제모 실시
  - 정맥류, 혈관 이상, 당뇨병, 간질, 생리 중은 제모 금지
  - 장시간 목욕, 사우나, 비누 사용, 햇볕, 자극, 메이크업 지양

전신 관리

❶ 기본 5단계

수면법	목욕 관리, 비사 샤워, 제트 샤워
전신 각질 제거	스크럽, 브러싱, 타월
전신 마사지	스웨디시, 림프, 아로마, 아유르베딕, 타이, 경락, 반사 요법
바디 랩핑	제품을 바른 뒤 랩, 호일 등을 사용해 집중관리
마무리	기초화장품을 이용해 피부결 정돈

❷ 림프 드레나쉬
- 적용 피부: 고정림프
- 동작: 펌프, 회전하기, 회전(로터)기

❸ 셀룰라이트 관리

수기관리(핸드 테크닉)	마사지(이완, 원심성 방향), 림프 드레나쉬(LDM)	
온열요법	혈액순환 및 대사 촉진, 파라핀 팩, 적외선, 스팀, 핫 타월 등 사용	
기기 관리	고주파(RF)	지방 분해, 탄력 개선
	흡입기(Vacuum)	순환 개선
	초음파(Ultrasonic)	지방층 자극, 미세진동
	저주파(Electrotherapy)	근육수축 유도, 순환 촉진

마무리

❶ 목적
- 피부 정돈
- 보습 및 영양 공급

❷ 단계

냉습포	팩 또는 마스크 제거 후 냉습포 사용
화장수	피부 유형에 따른 화장수로 피부결 정돈
화장품	피부 유형에 따른 에센스, 크림, 아이크림, 자외선 차단제 사용

피부학

📑 피부학

▶ 피부의 이해

① 피부: 외부 자극으로부터 신체를 보호하고 체온조절 · 감각 · 배설 · 흡수 등의 기능을 하며, 인체를 덮고 있는 가장 큰 기관

② 피부의 주요 기능

보호 기능	자외선 · 세균 · 화학물질로부터 신체 보호
감각 기능	통각, 압각, 냉각, 온각 등 감각 인지
체온조절	땀 분비 및 혈관 수축 · 이완
분비 · 배설	피지선과 땀샘 통한 피지 · 노폐물 배출
흡수 기능	일부 지용성 물질 흡수
비타민 D 합성	자외선 자극으로 합성

③ 피부의 두께: 약 0.2~4mm

④ 피부의 무게: 체중의 약 16%

⑤ 특징

- pH 4.5~6.5의 약산성
- 구성 물질은 수분, 지방, 단백질 및 무기질 등

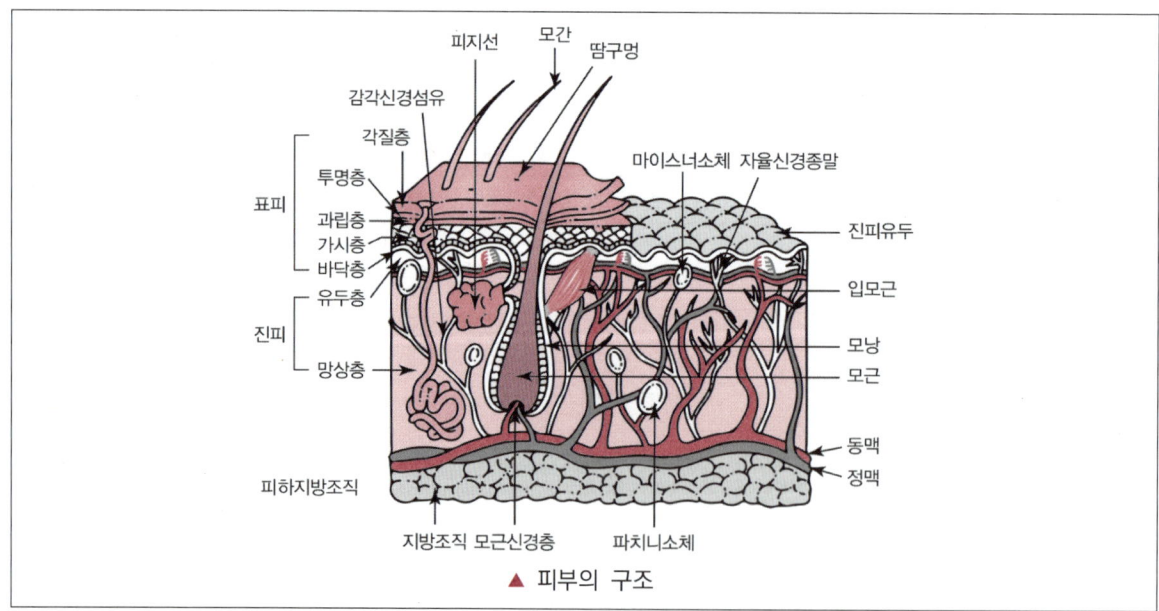

▲ 피부의 구조

피부의 3층 구조(표피, 진피, 피하조직)

① 표피

- 피부의 가장 바깥층으로 5개 층으로 구성

각질층	• 가장 바깥층으로 각질세포가 20~25개 층을 이룸 • 각질화된 상피세포층으로 수분 10~20% 함유 • 외부 자극으로부터 피부 보호 • 세라마이드와 천연보습인자(NMF) 존재 • 죽은 세포로 비듬과 각질이 되어 탈락하는 층
투명층	• 무핵의 편평세포로 주로 손·발바닥에 존재 • 엘라이딘이 존재하여, 높은 탄력성과 투명도 • 빛을 차단하는 역할
과립층	• 케라토히알린 과립을 함유한 세포층 • 각질화 시작 단계, 유핵과 무핵 세포가 같이 존재 • 투명층과 과립층 사이에 레인방어막 존재 • 햇빛에 의해 비타민 D 합성
유극층	• 표피 중에 가장 두꺼운 층 • 유핵 세포층으로 세포 재생이 가능 • 면역반응을 담당하는 랑게르한스세포 존재 • 림프액이 존재 • 영양공급과 노폐물 배출 및 혈액순환을 촉진
기저층	• 표피의 가장 아래에 위치 • 새로운 세포가 형성되는 층 • 원추형 세포와 멜라닌 형성세포가 존재 • 각질세포와 멜라닌 세포 비율이 4~10:1로 존재

- 두께는 부위마다 다름 〈예〉 눈꺼풀은 얇고, 발바닥은 두꺼움
- 약 28일 주기로 새로운 세포가 만들어지고, 각질로 탈락하는 피부 재생 주기(턴오버)를 가짐
- 혈관과 신경이 없고, 영양 공급은 진피의 모세혈관에서 확산을 통해 이루어짐
- 표피의 주세포는 각질형성세포(Keratinocyte), 멜라닌 세포(Melanocyte), 랑게르한스세포(Langerhans cell), 머켈세포(Merkell cell)

각질 형성 세포	• 표피를 구성하는 세포의 약 90% 이상을 차지하며, 약 10%는 줄기세포로 존재 • 기저층에서 생성되어 각 단계를 거쳐 각질층까지 이동하는 과정을 겪으며, 각화 주기는 약 28일 정도 • 각질형성 세포는 케라틴이라는 단백질을 만들어 피부의 구조적 기능을 담당

멜라닌 형성 세포	• 표피를 구성하는 세포의 약 4~10%를 차지 • 기저층에 위치하여 자외선으로부터 피부 손상을 막는 보호 기능을 수행 • 자외선에 의해 멜라닌 합성이 자극되면 유극층에서도 관찰 • 멜라닌 세포 수는 인종과 성별에 관계없이 동일하며, 유전적 요인에 따라 멜라닌의 형태, 색상, 크기가 결정되어 피부색이 차이남 • 멜라닌은 티로신과 티로시나제 효소에 의해 도파(DOPA)가 되고, 이후 멜라닌 세포 내에서 도파퀴논으로 전환되어 유멜라닌(흑색)과 페오멜라닌(적색)을 형성
랑게르 한스 세포	• 표피 세포의 약 2~8%를 차지 • 가시 모양의 돌기를 가진 수지상 세포로 주로 유극층에 존재 • 표피와 진피 구강 점막, 식도, 생식기 점막 등 다양한 부위에 분포하며, 면역반응, 알레르기 반응, 바이러스 감염 방지에 중요한 역할
머켈 세포	• 기저층에 있는 촉각, 인지 세포로, 불규칙한 모양의 핵과 신경섬유의 말단과 연결 • 감각 신경 세포와 협력하여 촉각을 감지하고 자극을 뇌로 전달하는 역할 수행 • 털이 있는 피부뿐만 아니라 손바닥, 발바닥, 입술, 코 부위, 생식기 등 털이 없는 부위에서도 존재

❷ 진피

- 피부의 주체를 이루는 층으로 표피보다 15~40배 정도 두꺼우며, 피부의 90% 이상을 차지
- 피부조직 외의 부속기관인 혈관, 신경관, 림프관, 땀샘, 기름샘, 모발과 입모근 등이 분포
- 유두층과 망상층으로 구분

유두층	• 표피 바로 아래 위치, 표피와 진피 연결 • 모세혈관이 몰려있는 솔방울 모양의 돌기 • 다량의 수분을 함유 • 혈관을 통해 기저층에 영양분을 공급 • 신경을 전달하고 감각 기관인 촉각과 통각 존재
망상층	• 진피의 4/5를 차지하며, 유두층의 아래에 위치 • 피하조직과 연결되는 층 • 피지선, 한선, 림프관, 혈관, 모낭 등이 분포 • 온각, 냉각, 압각이 존재 • 교원섬유(콜라겐)와 탄력섬유(엘라스틴)로 된 그물 모양의 피하조직과 연결되어 늘어나거나 파열되지 않도록 보호

- 주요 성분

콜라겐 (Collagen)	• 피부의 강도와 구조 유지 • 진피의 90% 차지 • 섬유아세포에서 생성되며 보습작용 탁월
엘라스틴 (Elastin)	• 신축성과 탄력 유지 • 피지샘과 땀샘 주변에 특히 많이 분포 • 섬유아세포에서 생성되며 피부탄력을 결정짓는 중요한 요소
히알루론산 (Hyaluronic acid)	• 수분 저장과 보습 유지 • 세포외기질을 구성하는 핵심 성분

● 주요 구성 세포

섬유아세포 (Fibroblasts)	• 진피에서 가장 풍부한 세포로, 주로 콜라겐과 엘라스틴을 합성하여 피부의 구조적 안정성과 탄력을 유지 • 세포외기질(ECM)의 주요 성분인 글리코사미노글리칸과 프로테오글리칸을 생성하여 진피의 수분 함량을 유지하고, 상처 치유 과정에서 새로운 조직 형성을 촉진
면역세포 (Immune Cells)	• 진피에는 대식세포, 수지상세포, 림프구 등 다양한 면역세포가 존재하며, 외부 병원체의 침입을 방어하고, 피부 염증 반응을 조절 • 손상된 조직에서 염증 신호를 전달하여 상처 치유와 조직 재생 과정에 관여
혈관 내피세포 (Endothelial Cells)	• 진피에는 혈관이 풍부하게 분포하며, 내피세포는 혈관 벽을 구성하여 혈액 공급과 산소·영양분 운반을 담당 • 체온조절을 위해 혈류량을 조절하고, 혈관 투과성을 통해 면역세포와 단백질이 조직으로 이동할 수 있도록 함
지방세포 (Adipocytes)	• 진피의 하부, 특히 피하지방층에 위치한 지방세포는 에너지를 저장하고, 외부 충격으로부터 피부를 보호 • 지방세포는 또한 진피의 볼륨과 형태를 유지하며, 피부와 피부 부속기관의 구조적 지지 역할

❸ 피하조직
  ● 피부의 가장 아래층으로 진피와 근육 사이에 위치
  ● 지방세포(지방조직)와 섬유성 결합 조직으로 구성
  ● 여성호르몬과 관련되어 남성보다 여성이 더 발달
  ● 피하지방의 두께에 따라 비만의 정도가 결정

☑ 더 알아보기

피하조직의 기능
• 충격 완화: 외부 자극으로부터 근육·장기 보호
• 체온 유지: 지방층이 단열재 역할
• 에너지 저장: 지방이 에너지로 사용됨
• 피부 탄력 유지: 피부의 형태를 부드럽게 유지

📋 피부의 부속기관

➤ 모발

❶ 개념

모발은 표피가 함입되어 형성된 모낭에서 자라나는 각질성 부속기관

❷ 기능

- 외부 충격이나 자극으로부터 피부 보호
- 체온을 유지하고 조절하는데 기여
- 촉각을 보조하여 외부 자극을 민감하게 감지
- 심미적 기능을 통해 외모와 개성을 표현

❸ 구조

모표피 (cuticle)	• 모발 가장 바깥층이며, 스스로 재생 불가 • 비늘 모양의 각질세포가 겹겹이 배열되어 내부를 보호
모피질 (Cortex)	• 모표피와 모수질 사이에 위치 • 모발의 대부분을 차지하며 케라틴 섬유가 모여 강도와 탄성을 유지
모수질 (Medulla)	• 모발 중심부로 세포와 공기가 불규칙하게 분포 • 모든 모발에 존재하지는 않음
모낭 (Hair follicle)	• 모발이 생성되는 구조물로 털을 감싼 주머니 • 모유두와 모모세포가 포함
모유두 (Dermal papilla)	혈관과 신경이 분포하여 모발 성장에 필요한 영양을 공급
피지선 (Sebaceous gland)	모낭에 연결되어 피지를 분비하고, 모발 윤기와 연관

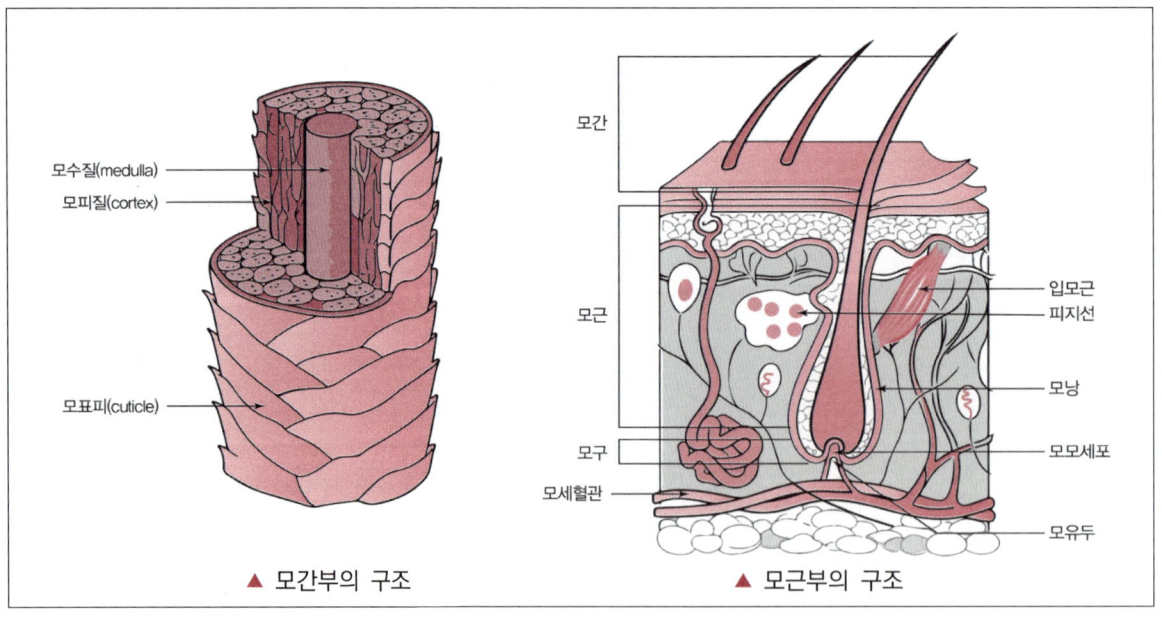

▲ 모간부의 구조　　　　　　▲ 모근부의 구조

❹ 색
- 모피질 내의 멜라닌 색소의 종류와 양에 따라 모발 색이 결정
- 표현되는 색은 유멜라닌은 검정·갈색 계열, 페오멜라닌은 붉은색·노란색 계열

❺ 특성
- 강도와 탄성을 가지며, 주성분은 단백질(케라틴)
- 수분과 지질이 함유되어 유연성과 윤기를 유지
- 화학적·물리적 처리(염색, 펌, 열 등)에 의해 손상될 수 있음

❻ 성장 주기

성장기(Anagen)	모발이 활발하게 성장하는 시기로 수년간 지속
퇴행기(Catagen)	모발 성장 활동이 서서히 줄어드는 시기로 수주간 지속
휴지기(Telogen)	모발 성장이 멈추고 자연 탈락을 준비하는 시기로 수개월간 지속

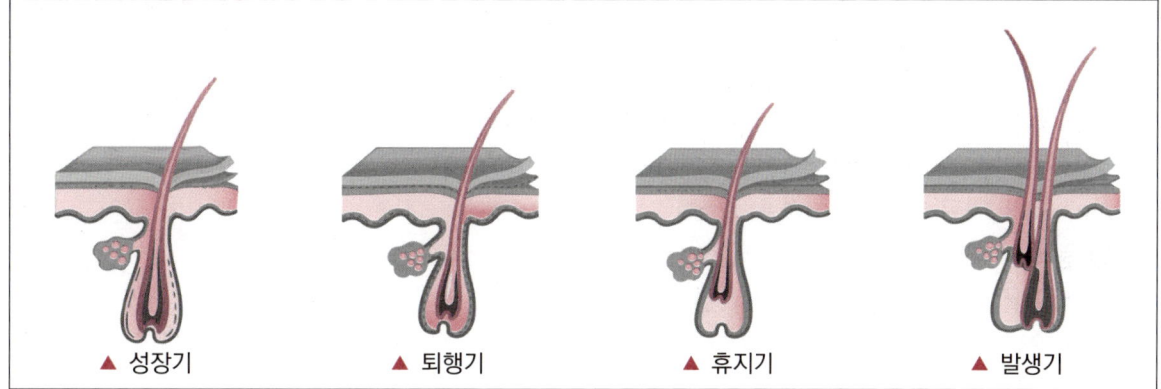

▲ 성장기 　　　　▲ 퇴행기 　　　　▲ 휴지기 　　　　▲ 발생기

❯ 땀샘

❶ 개념

땀을 분비하여 피부 표면에서 증발열을 통해 체온을 낮춤으로써 체온을 조절

❷ 특성
- 땀에는 노폐물과 일부 전해질이 포함되어 있어 체내 항상성을 유지하며, 항균 작용을 통해 피부를 보호
- 에크린땀샘과 아포크린땀샘으로 구분

에크린 땀샘 (소한선)	• 땀관을 통해 땀구멍으로 배출 • 입술, 생식기, 손톱을 제외한 전신에 분포 • 특히, 손·발바닥, 이마, 겨드랑이에 많이 분포 • 체온조절 및 노폐물 배출 • 무색, 무취의 땀을 분비하는 기관 • 주로 물과 염류로 이뤄지며, 소량의 요산, 젖산, 암모니아 등이 포함

아포크린 땀샘 (대한선)	• 모낭과 연결되어 모낭으로 배출 • 에크린선보다 깊은 곳에 위치 • 분비물 자체는 무취이나, 피부 표면의 박테리아에 의해 독특한 체취 발생 • 겨드랑이, 유두, 배꼽, 생식기, 항문 주변 분포 • 사춘기 이후 주로 발달, 갱년기 이후 퇴화되어 분비 감소 • 단백질, 지방, 스테로이드, 펩타이드 등 복합 성분으로 이루어짐

피지선

❶ 개념

진피에 위치하여 모낭에 연결된 분비샘으로 피지를 분비

❷ 구조

포도송이 모양의 소엽으로 이루어져 있으며, 분비세포가 파괴되면서 피지를 방출

❸ 기능

- 피지를 분비하여 피부와 모발의 윤기에 관여
- 수분 증발을 방지하여 피부를 보호
- 약산성 피지막을 형성하여 세균 증식을 억제
- 외부 자극으로부터 피부를 방어

❹ 분포

- 얼굴, 두피, 등, 가슴 부위에 많이 분포
- 손바닥과 발바닥에는 존재하지 않음

❺ 분비

- 하루에 1~2g 정도 분비
- 안드로겐 호르몬에 의해 분비량이 조절
- 사춘기 이후 활발해지고, 노화와 함께 감소

❻ 관련 질환

- 피지 과다 분비는 여드름을 유발
- 피지 분비 저하는 건성 피부를 유발

손톱(Nails)

❶ 개념

피부 표피가 각질화되어 손가락과 발가락 끝을 덮는 구조

❷ 구조

네일 플레이트 (Nail Plate, 조체, 조판, 손톱판)	손가락 끝을 덮는 단단한 케라틴으로 이루어진 반투명 구조
네일 베드(Nail Bed, 손톱 바탕)	손톱판 아래에 위치한 피부로 풍부한 혈관이 있어 분홍색을 보임
네일 매트릭스 (Nail Matrix, 조모, 조갑기질)	손톱이 생성되는 부분으로 손톱뿌리 깊숙이 위치하며, 세포분열이 활발하게 일어나 손톱의 성장을 담당

루눌라(Lunula, 반월)	매트릭스의 일부가 비쳐 보이며, 손톱 뿌리 쪽의 반달 모양 흰 부분
네일 루트 (Nail Root, 조근, 손톱근)	피부 속에 묻혀 있으며, 손톱이 시작되는 부분
네일 폴드(Nail Fold, 조갑주름)	손톱의 양옆과 뿌리를 감싸는 피부로 손톱을 지지
큐티클(Cuticle, 조상막, 조갑연피)	네일 플레이트와 피부 사이를 덮어 외부 세균 침입 방지
하이포니키움 (Hyponychium, 하조피, 조갑하피)	손톱 끝 아래쪽 피부로, 외부 물질이 손톱 밑으로 들어가는 것을 방지

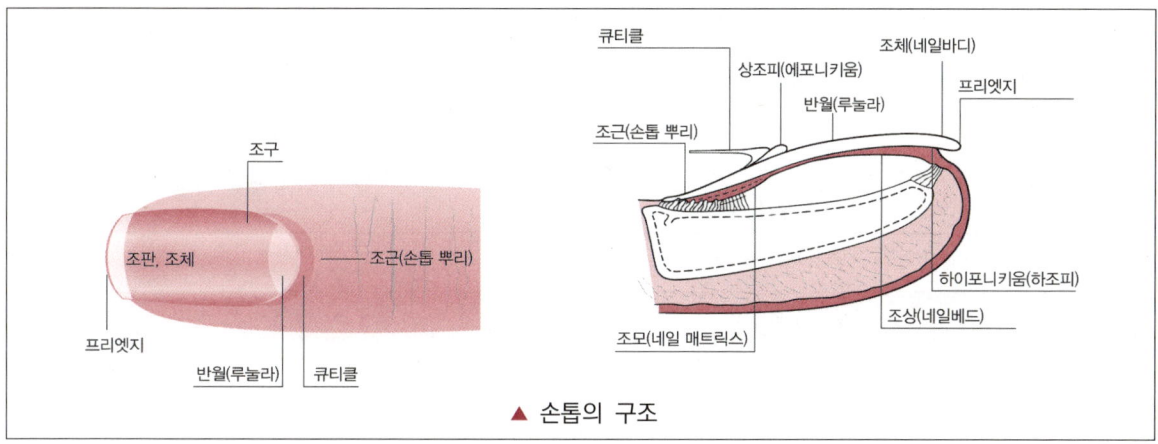

▲ 손톱의 구조

❸ 기능
- 손끝을 보호하여 외부 충격을 완화
- 물체를 집거나 잡는 동작을 보조
- 촉각을 강화하여 세밀한 동작이 가능
- 건강 상태를 반영하여 진단의 지표

❹ 성장
- 하루 평균 약 0.1mm 성장
- 손톱보다 발톱의 성장 속도가 느림
- 성장 속도는 연령, 건강 상태, 계절에 따라 다름

❺ 관련 질환
- 영양 부족, 외상, 질환에 따라 손·발톱 모양이나 색이 변형
- 손·발톱 무좀은 곰팡이 감염으로 두꺼워지고 변색

📋 피부와 영양

❯❯ 3대 영양소와 6대 영양소

❶ 3대 영양소(탄수화물 · 단백질 · 지방)

구분	1g당 열량	주요 기능	결핍 시 증상	과다 섭취 시	구성 원소
탄수화물	4kcal	• 신체의 주 에너지원 • 혈당 유지	• 체중 감소 • 피로, 신진대사 저하	• 체지방 증가 • 비만, 당뇨 위험	C, H, O
단백질	4kcal	• 근육 · 장기 · 혈액 구성 • 성장 · 조직 재생	• 성장 지연 • 면역력 저하	신장 부담	C, H, O, N
지방	9kcal	• 에너지 저장 • 체온 유지 • 장기 보호	• 필수지방산 결핍	• 비만 • 혈중 지질 이상	C, H, O

❷ 6대 영양소(3대 + 무기질 · 비타민 · 물)

구분	1g당 열량	주요 기능	결핍 시 증상	비고
탄수화물	4kcal	주 에너지원	피로, 체중 감소	3대 영양소
단백질	4kcal	조직 구성 · 재생	성장 지연, 면역 저하	3대 영양소
지방	9kcal	에너지 저장 · 보호	필수지방산 결핍	3대 영양소
무기질	-	• 체내 대사 조절 • pH · 수분 균형	골격 · 면역 이상	칼슘, 철, 나트륨 등
비타민	-	대사 조절 보조	각종 결핍증	수용성 · 지용성
물	-	• 체온 조절 • 노폐물 배출	탈수, 피부 건조	체중의 60~70%

📋 피부와 질환

❯❯ 피부 장애

❶ 원발진
- 피부에서 처음 나타나는 병변으로 1차적 병변
- 질병 발생의 초기 징후를 나타내며, 병변 형태와 분포에 따라 진단에 활용
- 반점, 팽진, 수포, 농포, 구진, 결절, 종양 등

반점	피부 표면에 함몰 등 상처 없이 피부색이 변함
팽진	두드러기처럼 일시적으로 부풀어 오르는 병변
수포	맑은 액체가 찬 물집, 크기별로 대수포 · 소수포
농포	고름이 찬 물집, 염증 단계에 따라 흉터 유무

구진	경계 뚜렷, 부위가 단단하며 돌출, 만지면 통증
결절	구진이 엉켜서 더 크고 단단한 덩어리
종양	직경 2cm이상의 큰 결절, 양성과 음성 모두 포함

❷ 속발진
- 원발진이 변하거나 손상되면서 일어나는 피부질환으로 2차적 병변
- 속발진은 만성화되거나 치료 또는 자극 과정에서 나타나는 피부 구조 변화와 관련
- 인설, 가피, 건선, 태선화, 미란, 궤양, 반흔, 균열, 색소침착, 탈색소 등

인설	비듬, 각질이 일어나 벗겨지는 상태
가피	딱지, 혈액이나 진물의 마른 덩어리
건선	염증성 피부질환, 크기 다양, 경계 뚜렷
태선화	건조하고 딱딱해져서 가죽처럼 두꺼워진 현항
미란	표피까지만 손상, 치료 후 흉터 없이 재생
궤양	진피까지 손상, 치료 후 흉터 발생
반흔	치료 후 남은 흉터
균열	틈이 찢어지거나 벌어지고 출혈이나 통증 동반
색소침착	피부색이 짙어지는 현상
탈색소	원래보다 색이 연해지거나, 하얗게 변화

피부질환

❶ 세균성 피부질환

농가진	• 화농성 연쇄상구균이 주 원인균이며, 높은 감염력 • 두피, 안면 등에 진물이나 수포 또는 노란색 가피
절종(종기)	• 황색 포도상구균이 모낭에 침입하여 발생 • 모낭과 그 주변 조직에 괴사를 일으키고, 2개 이상의 절종이 합해져 염증을 동반한 옹종으로 발전
봉소염	• 포도상구균이나 연쇄상구균이 원인균 • 작은 부위에 홍반으로 시작하여 점차 큰 통증과 전신 발열이 동반

❷ 바이러스성 피부질환

단순포진	• 입술 주위에 생기는 수포성 질환 • 흉터는 없으나 높은 재발률
대상포진	• 잠복해 있던 수두 바이러스의 재활성화에 의해 발생 • 높은 연령층에도 자주 발생 • 지각신경 분포를 따라 수포성 발진 생기며 심한 통증을 동반
수두	• 주로 소아에게 발병 • 전염력이 매우 강하고 가려움을 동반
홍역	• 발열과 발진을 주 증상으로 하는 급성발진성 질환 • 주로 소아에게 발병하며, 매우 강한 전염력

③ 진균성(곰팡이) 피부질환

칸디다증	• 진균의 일종인 칸디다균이 원인 • 피부, 점막, 입안, 식도, 손·발톱 등에 발생
무좀	• 진균의 일종인 피부사상균이 원인 • 발가락 사이, 발바닥, 발톱 등에 발생 • 가려움, 각질, 수포, 균열 등의 증상 동반

④ 피부염(습진)에 의한 피부질환

접촉성 피부염	• 외부 물질과의 접촉으로 생기는 피부염 • 자극성, 알레르기성, 광독성, 광알레르기성 접촉피부염 등
아토피성 피부염	만성적으로 재발하는 심한 가려움증이 동반되는 피부 습진 질환
지루성 피부염	머리, 이마, 겨드랑이 등 피지의 분비가 많은 부위에 잘 발생하는 만성 염증성 피부 질환

⑤ 색소성 피부질환

과색소 침착	멜라닌 색소 증가로 인해 발생 • 표피: 기미, 주근깨, 갈색 반점, 흑색종 • 진피: 몽고반점
저색소 침착	멜라닌 색소 감소로 인해 발생 • 백반증: 후천적 탈색소 질환. 원형이나 타원형 또는 부정형의 흰색 반점 발생 • 백피증: 멜라닌 색소 부족으로 피부나 털이 하얗게 변하는 증상. 눈의 경우에는 홍채의 색소가 감소

⑥ 열 및 한랭에 의한 피부질환

화상	1도 화상	표피만 화상, 홍반, 부종, 통증
	2도 화상	진피층까지 손상, 수포 발생, 통증 유발
	3도 화상	표피와 진피의 파괴, 감각 상실
한진(땀띠)	고온 다습한 환경 때문에 소수포가 형성	
동상	• 홍반과 불쾌감의 동반 • 심하면 조직 괴사와 수포 발생	

⑦ 여드름

증상	면포, 구진, 농포, 결절, 낭종
원인	안드로겐(테스토스테론)의 분비량 증가, 내적(호르몬, 유전, 변비, 임신 등) 및 외적(자외선, 기후, 화장품 등) 요인

⑧ 기타: 알레르기, 아토피, 주사, 한포진, 비립종, 지루 피부염, 하지 정맥류

📋 피부와 광선

▶ 자외선(UV)

❶ 특징

- 400nm 이하의 복사선
- 불가시광선으로 인체에 이롭게 적용되기도 하지만, 직접 조사 시 여러 가지 피부질환을 유발
- 파장의 길이에 따라 장파장(UVA), 중파장(UVB), 단파장(UVC)으로 구분

장파장 (UVA, 320~400nm)	• 진피층까지 침투하여 광노화를 촉진 • 인공 선탠에 이용됨
중파장 (UVB, 290~320nm)	• 일광 화상, 기미, 주근깨를 유발 • 각질층 변형을 유발
단파장 (UVC, 200~290nm)	• 대기 오존층에서 대부분 흡수 • 살균 작용 • 피부암 발생에 영향을 줄 수 있음

❷ 피부에 미치는 영향

- 살균, 소독, 비타민 D의 합성을 유도
- 혈액순환 촉진
- 과도하게 자외선에 노출되면 색소침착, 일광화상, 광노화, 피부암 발병 위험 ⇧

▶ 적외선(IR)

❶ 특징

- 파장이 800nm 이상으로 열작용이 있는 열선
- 피부조직에 흡수되기 쉬운 성질로 표면에 자극을 주지 않고 조직 깊이 영향
- 근적외선(진피에 침투 및 자극), 원적외선(표피 전체 침투 및 진정 효과)으로 구분

❷ 피부에 미치는 영향

- 온열 효과로 열을 발생시켜 혈액순환 촉진
- 신진대사의 증가로 영양분 공급과 노폐물 배출
- 근육의 이완 작용을 도와 근육 유연 및 통증 경감
- 팩, 크림, 약물의 침투 효과를 높여 건성 및 주름진 피부 관리에 효과적
- 과다하게 조사하면 화상, 홍반, 중추신경장애, 백내장 등의 원인으로 작용

📑 피부와의 면역과 노화

➤ 피부 면역

❶ 개념
외부 침입 물질로부터 피부를 보호하는 방어 체계

❷ 면역반응 단계

1차 방어	신체적(피부, 털, 침, 눈물 등), 화학적(피지, 땀, 산성막, 리소자임 등)으로 방어
2차 방어	식세포에 의한 식균 작용, 염증 반응(NK세포, 과립구, 리소좀, 리소자임, 사이도카인 등) 방어
3차 방어	• B 림프구: 항체생성 • T 림프구: 세포성 면역

❸ 특이성 면역과 비특이성 면역

특이성 면역	• B 림프구와 T 림프구가 관여 • B 림프구는 항체를 생성하여 외부 항원을 제거 • T 림프구는 세포를 직접 공격하여 병원체를 제거
비특이성 면역	• 비특이성 면역은 피부 표면 장벽과 대식세포, 자연 살해 세포 등이 관여 • 비특이성 면역은 병원체를 선택 없이 제거

➤ 피부노화의 원인

내인성 노화 (생리적 · 자연적 노화)	• 나이의 증가로 인체 생리기능이 감소하는 노화 • 활성산소, 유전적 요인, 신경 세포 피로 등으로 발생 • 표피와 진피가 얇아지고, 각질층 두꺼워짐 • 에스트로겐 감소(피부 건조, 탄력 저하, 주름 증가), 안드로겐 변화(피지 분비 증가, 여드름 발생 및 악화), 테스토스테론 감소(피지 분비 감소, 피부 건조) • 면역세포 감소로 방어 능력이 저하되고 세포 손상을 야기 • 랑게르한스 세포와 피하 지방 세포 감소 • 소화장애, 내장 기능 장애 등의 요인으로 영양이 결핍되어 노화가 진행
외인성 노화 (광노화)	• 외부 환경 요인에 의한 피부노화 • 표피와 진피가 두꺼워지고, 주름이 비교적 깊고 굵게 형성 • 자외선은 외인성 노화의 대표적 요인으로 색소침착과 탄력 저하 및 주름 증가 • 콜라겐 변성이 일어나고 모세혈관이 확장

해부생리학

📋 해부생리학

▶▶ 세포

① 세포는 인체를 구성하는 기본 단위
② 세포막, 핵, 세포질로 구성

세포막	세포 내부를 보호, 선택적 투과를 조절
핵	유전물질 보관, 세포 활동을 조절
세포질	세포 내 대사와 화학 반응을 수행

▶▶ 조직

① 구조와 기능이 비슷한 세포가 모여 이루어진 집단
② 인체에는 결합 조직, 근육 조직, 신경 조직, 상피 조직의 4가지 조직이 존재

결합 조직	인체의 구조 지지, 장기 보호
근육 조직	수축을 통해 운동을 발생
신경 조직	자극 전달, 신체 기능을 조절
상피 조직	신체와 장기 표면을 덮어 보호, 분비와 흡수 기능 수행

▶▶ 기관

① 서로 다른 조직이 결합하여 특정 기능을 수행
② 심장, 위장, 간, 신장, 소장이 기관에 해당

▶▶ 계통

① 여러 기관이 연결되어 특정 기능을 수행하는 체계
② 골격계, 신경계, 순환계, 소화계 등이 존재

골격계

골격계의 기능
1. 신체를 지지
2. 중요 장기를 보호
3. 골수에서 조혈 작용 수행
   - 운동과 체위 유지에 관여
   - 칼슘과 인 등 무기질을 저장

골
1. 골은 골막, 골 조직, 해면골, 골수강으로 구성

골막	골을 보호하고 골 성장과 재생을 촉진
골 조직	단단한 구조를 형성하여 지지 기능을 수행
해면골	가벼우면서 충격을 흡수하는 구조를 형성
골수강	골수를 포함, 조혈 기능 수행

2. 골의 형태에 따른 분류

장골	긴 형태로 팔과 다리에 위치
단골	작고 짧은 뼈로 손과 발에 존재
편평골	넓고 평평한 구조로 두개골과 흉골에 위치
불규칙골	복잡한 모양의 골로 척추와 얼굴 뼈에 존재
함기골	속이 비어 있고 공기 공간이 있는 골로 두개골 일부에서 발견
종자골	힘줄 안에 박혀 있는 작은 골로 무릎뼈(슬개골) 등

3. 인체의 골격 분류

체간 골격	두개골(22개), 이소골(6개), 설골(1개), 척추골(26개), 늑골(24개), 흉골(1개),
사지 골격	상지골(64개), 하지골(62개)

4. 관절
   - 두 개의 골을 연결하여 운동을 가능하게 하는 구조
   - 섬유성 관절, 연골성 관절, 활막성 관절로 구분
5. 연골
   - 골과 골 사이에서 충격을 흡수
   - 탄력성과 유연성을 가진 단백질 구조

근육계

근육계의 기능

1. 신체 운동을 수행하며, 자세를 유지
2. 체열을 생산하며, 배변과 배뇨를 조절
3. 음식물이 소화관을 통해 이동

근수축의 종류

연축	하나의 자극에 의해 짧은 시간의 근수축
강축	이완 없이 지속적·강한 수축 상태
긴장	근육이 지속적으로 약간 수축한 상태를 유지
강직	근육이 굳어 움직임이 제한
마비	근육이 수축 능력을 상실
세동	근육이 빠르고 불규칙하게 수축
경련	근육이 갑작스럽게 강하게 수축

근육의 분류

1 기능적 분류

수의근	의식적으로 조절이 가능한 근육
불수의근	의식적 조절 없이 자동으로 작동

2 위치에 따른 분류

골격근	골과 연결되어 운동을 담당
심장근	심장에서 박동을 발생
내장근	소화관 등 내장 기관의 운동을 조절

전신 근육

안면 근육	표정과 말하기를 조절
목 근육	머리와 목의 움직임을 조절
등 근육	척추를 지지하고 상체를 움직임에 관여
흉부 근육	호흡과 상지 운동에 관여
복부 근육	복부 장기를 보호하고 자세를 유지
상지 근육	팔과 손의 운동을 수행
하지 근육	다리의 운동과 체중 지지를 담당

📋 신경계

신경계의 기능
❶ 감각 정보를 수집
❷ 수집된 정보를 통합하여 판단
❸ 운동 명령을 신체에 전달

뉴런(신경 세포)
❶ 신체의 신경 정보를 전달하는 기본 단위
❷ 신경 세포체, 수상 돌기, 축삭 돌기로 구성

수상 돌기	다른 뉴런으로부터 정보를 수용
축삭 돌기	정보를 다른 뉴런이나 근육으로 전달

❸ 뉴런의 종류는 감각 뉴런, 연합 뉴런, 운동 뉴런으로 구분

감각 뉴런	감각 자극을 중추 신경계로 전달
연합 뉴런	중추 신경계에서 정보를 통합하고 처리
운동 뉴런	중추 신경계에서 전달된 명령을 근육이나 기관으로 전달

신경계 분류
❶ 중추 신경계(CNS)는 뇌와 척수로 구성
❷ 말초 신경계(PNS)는 중추 신경계 외부의 신경으로 구성

체성 신경계	뇌신경과 척수 신경으로 이루어져 의식적 운동과 감각을 조절
자율 신경계	교감 신경과 부교감 신경으로 구성되며 내부 장기의 기능을 자동으로 조절

뇌의 구조와 기능
❶ 뇌는 중추 신경계의 가장 중요한 기관으로 고등한 인지, 운동, 감각, 자율 조절 기능을 수행
❷ 뇌는 회백질(신경세포체)과 백질(축삭 섬유)로 구성되어 정보 처리와 전달을 수행
❸ 뇌는 대뇌, 간뇌, 중뇌, 연수(숨뇌), 소뇌로 구분

🔶 대뇌(대뇌반구) 구조와 기능

❶ 대뇌 피질(겉질)은 회백질로 구성되어 고차적 인지, 의식, 판단, 언어, 기억 기능을 수행

❷ 대뇌는 좌우 반구로 나뉘며 좌우 반구는 서로 다른 기능을 분화(언어·논리와 공간·감성 등)

❸ 대뇌는 전두엽, 두정엽, 측두엽, 후두엽의 4개 엽으로 구분

전두엽	운동 계획, 목표 지향 행동, 의사결정, 실행기능, 언어 생성(브로카 영역)과 성격을 조절
두정엽	신체 감각의 통합과 공간 인지, 체감 정보 처리를 담당
측두엽	청각 처리, 언어 이해(베르니케 영역), 기억의 형성과 감정 관련 정보를 처리
후두엽	시각 정보를 처리하여 물체 인식과 시공간 해석을 수행

> **Tip**
> • 운동 피질(전중앙이랑): 근육 운동의 명령을 생성하고 전달
> • 감각 피질(후중앙이랑): 체표 및 내부 감각 입력을 수용하고 1차적으로 처리
> • 연합 영역(전전두엽, 측두-두정-후두 연합영역 등): 여러 감각 정보를 통합하고 고차적 인지를 수행

🔶 간뇌(시상·시상하부 등)

❶ 시상은 대뇌로 가는 대부분의 감각 정보를 중계하고 정보의 필터링과 초기 통합을 수행

❷ 시상하부(하이포탈라무스)는 자율신경과 내분비계를 조절하여 체온, 갈증, 식욕, 수면-각성, 성 반응, 감정 및 항상성 유지를 담당

❸ 시상하부는 뇌하수체와 연결되어 호르몬 분비를 조절

🔶 뇌간(중뇌·교뇌·연수)

❶ 중뇌는 시각·청각 반사(예 눈 움직임과 즉각적 방향 전환), 운동 조절, 도파민성 신경로(보상·운동)에 관여

❷ 교뇌(뇌교)는 호흡 리듬 조절과 중추 사이의 정보 전달, 수면-각성 조절에 관여

❸ 연수는 심혈관계·호흡계의 생명 유지 자동 조절(심박수·혈압·호흡)을 담당

❹ 뇌간에는 망상활성계가 있어 각성 수준과 수면-각성 주기를 조절

🔶 소뇌

❶ 운동의 협응과 자세 유지, 평형 조절 및 운동 학습을 담당

❷ 대뇌의 운동 명령을 미세 조정하여 정확하고 원활한 운동을 수행

❸ 감각(특히 고유수용성) 정보를 받아 시간적·공간적 운동 조절을 수행

🔶 기저핵

❶ 기저핵은 운동의 시작과 조절, 습관 형성, 일부 인지·보상 처리 기능에 관여

❷ 기저핵의 이상은 파킨슨병, 헌팅턴병 등 운동장애를 초래

변연계(림빅 시스템)

1 변연계는 감정의 생성·처리, 기억의 형성(특히 감정 기억), 동기부여에 관여

2 해마는 장기기억의 형성에 필수적이며 새로운 기억을 저장하는 과정에 관여

3 편도체는 공포와 정서 반응의 처리 및 기억과의 연계를 담당

뇌의 혈관과 뇌척수액(혈액-뇌 장벽 포함)

1 뇌는 풍부한 혈관망으로부터 산소와 영양분을 공급받으며 뇌혈류 조절이 필수적

2 뇌척수액(CSF)은 뇌실계에서 생성되어 쿠션 역할과 대사산물 제거·전해질 항상성 유지에 기여

3 혈액-뇌 장벽(BBB)은 혈액과 뇌조직 사이의 선택적 투과 장벽으로 유해 물질의 침투를 제한

뇌의 미세구조(세포 수준)

1 뉴런은 전기적 신호(활동전위)를 생성하여 시냅스를 통해 신경전달물질을 분비하고 정보를 전달

2 교세포(별아교세포, 희돌기아교세포, 미세아교세포)는 신경 환경을 조절하고 신경 전달 효율과 대사 지원을 제공

3 시냅스 가소성은 학습과 기억의 신경생물학적 기초로 작용

고차 기능: 언어·인지·기억·정서

1 언어 기능은 주로 좌반구의 브로카 영역(언어 생성)과 베르니케 영역(언어 이해)이 담당

2 기억은 단기 기억·작업 기억·장기 기억으로 구분되며 해마와 대뇌 피질의 상호작용으로 고착

3 주의와 집행기능은 전전두엽에서 주로 수행되며 복잡한 문제 해결과 충동 억제를 담당

4 정서 조절은 변연계와 전전두엽 및 자율신경계의 상호작용으로 형성

발달·가소성·노화

1 뇌는 발달 과정에서 시냅스 과잉 생성 후 선택적 가지치기를 통해 신경회로가 성숙

2 성인에서도 신경가소성으로 학습·재활이 가능하며 새로운 시냅스 형성과 기능 재배치가 발생

3 노화와 병리적 과정(퇴행성 질환)은 신경세포 손실과 시냅스 기능 저하를 유발하여 인지·운동 기능 저하 유발

뇌막(Meninges)의 구조

뇌막은 뇌와 척수를 싸서 보호하는 3층의 막이며, 바깥층에서 안쪽 층으로 경막, 지주막, 연막이 구성되었고, 막 사이에 공간을 형성하여 뇌척수액의 순환과 완충 작용을 도움

경막 (Dura mater)	• 가장 바깥층의 두껍고 질긴 막으로, 뇌와 척수를 기계적으로 보호 • 두개골 안쪽에 밀착되어 있으며, 일부 부위에서는 두 겹으로 나뉘어 정맥혈이 흐르는 정맥동(venous sinus)을 형성 • 뇌의 주요 구획(예 대뇌반구 사이의 격막인 대뇌겸, 소뇌 위의 격막인 소뇌천막)을 형성

지주막 (Arachnoid mater)	• 경막 아래 위치하며 거미줄 같은 섬유 구조를 가진 반투명한 막 • 경막과 지주막 사이에는 경막하강(subdural space)이 존재하며, 소량의 액체가 윤활 작용 • 지주막과 연막 사이에는 지주막하강(subarachnoid space)이 존재하며, 이 공간을 뇌척수액이 순환
연막 (Pia mater)	• 뇌와 척수의 표면에 밀착되어 있는 가장 안쪽의 막 • 혈관이 풍부하여 뇌조직에 산소와 영양을 공급 • 뇌의 홈과 굴곡을 따라 밀착하여 뇌조직과 직접 접촉

➤ 뇌척수액(Cerebrospinal Fluid, CSF)

뇌척수액은 투명한 무색의 액체로, 뇌와 척수를 보호하고 항상성을 유지하는 역할을 하며, 주로 뇌실 내 맥락총에서 생성

❶ 생성과 순환 경로
- 측뇌실에서 생성
- 제3뇌실 ⇨ 중뇌수도관 ⇨ 제4뇌실을 순환
- 제4뇌실에서 지주막하강으로 흘러나와 뇌와 척수를 감싸 순환
- 지주막융모를 통해 정맥동(특히 상시상정맥동)으로 흡수되어 혈액으로 되돌아감

❷ 기능

기계적 보호 작용	충격을 완화하여 뇌가 두개골에 직접 부딪히는 것을 방지
부력 작용	뇌의 실제 무게를 줄여 뇌가 스스로 눌리지 않도록 함
대사 및 항상성 유지	신경세포 주변의 이온 농도를 일정하게 유지하고, 노폐물을 제거
영양 공급	일부 영양소를 전달하여 뇌조직의 생리적 기능을 유지

❸ 임상적 의의

뇌수막염	세균이나 바이러스 감염으로 뇌막에 염증이 발생
뇌수종	뇌척수액의 생성과 흡수의 불균형으로 뇌실이 확장
요추천자	척수액 검사를 위해 제3~제4요추 사이에서 뇌척수액을 채취

📋 순환계 및 내분비계

➤ 순환계(혈액 순환)

❶ 심장은 체순환과 폐순환을 수행

체순환	좌심실에서 동맥을 거쳐 모세혈관으로 산소와 영양분을 운반하고, 정맥을 통해 우심방으로 돌아옴
폐순환	우심실에서 폐동맥을 통해 폐로 이동하여 이산화탄소를 배출하고, 산소화된 혈액이 폐정맥을 통해 좌심방으로 돌아옴

❷ 혈관은 혈액을 운반하고, 혈류를 조절하며, 면역 방어 및 지혈 기능을 수행하며, 동맥계, 정맥계, 모세혈관으로 구분

❸ 혈액은 혈장과 혈구로 구성

혈장	수분, 전해질, 단백질, 섬유소원을 포함하며 영양과 노폐물을 운반
혈구	적혈구, 백혈구, 혈소판이 포함되며 각각 산소 운반, 면역 기능, 지혈 기능을 수행

림프순환계

❶ 림프 기관은 림프, 림프관, 림프절로 구성

❷ 림프는 조직액을 수집하여 혈액으로 되돌림

❸ 림프관은 림프를 운반

❹ 림프절은 림프 속 병원체를 여과하고 면역 반응을 수행

내분비계

❶ 내분비계는 호르몬을 분비하여 신체의 대사와 기능을 조절

❷ 호르몬은 신체의 성장, 대사, 생식 기능을 조절

❸ 주요 내분비 기관 및 내분비선은 뇌하수체, 갑상선, 부갑상선, 췌장, 부신, 생식기, 태반, 송과체 등

뇌하수체 호르몬	다른 내분비선을 조절
갑상선·부갑상선 호르몬	신진대사와 칼슘 항상성 조절
췌장 호르몬	혈당 조절을 수행
부신 호르몬	스트레스 반응과 전해질 균형을 조절
생식기 호르몬	성적 발달과 생식 기능을 조절
태반 호르몬	임신 유지와 태아 발달을 조절
송과체 호르몬	일주기 리듬과 수면을 조절

소화기계

❶ 주요 소화기관의 역할

입	• 음식을 섭취하고 저작을 통해 분쇄 • 침을 분비하여 탄수화물 소화를 시작 • 혀를 이용하여 음식물을 이동시키고 맛을 감지
인두	• 삼킴을 조절하여 음식물을 식도로 이동시킴 • 기도와 소화관을 구분하여 흡입과 삼킴을 조절
식도	• 연동운동을 통해 음식물을 위로 운반 • 식도 괄약근을 통해 음식물이 역류하지 않도록 방지
위	• 음식물을 저장하고 혼합하여 분쇄 • 위산과 소화효소를 분비하여 단백질 소화를 시작 • 점액을 분비하여 위벽을 보호

소장	• 십이지장에서 췌장 효소와 담즙을 이용하여 탄수화물, 단백질, 지방을 분해 • 공장과 회장에서 융모와 미세융모를 통해 영양소를 흡수 • 지방은 담즙과 함께 지용성 비타민과 함께 흡수
대장	• 수분과 전해질을 흡수하여 대변을 형성 • 장내 세균에 의해 일부 비타민을 생성
항문	• 배변을 조절하고 체외로 대변을 배출 • 내·외 괄약근을 통해 배변을 통제

❷ 소화 부속기관과 역할

간	• 담즙을 생성하여 지방 소화를 촉진 • 영양소를 저장하고 혈액을 해독
담낭	• 간에서 생성된 담즙을 저장하고 농축 • 식사 시 담즙을 십이지장으로 분비하여 지방 유화를 촉진
췌장	• 아밀라아제, 트립신, 리파아제 등 소화효소 분비 • 인슐린과 글루카곤을 분비하여 혈당을 조절

❸ 소화 관련 내분비선 역할

췌장 내분비선 (이자섬, 랑게르한스섬)	• 인슐린을 분비하여 혈당을 낮춤 • 글루카곤을 분비하여 혈당을 높임
위 내분비선	• 가스트린을 분비하여 위산 분비를 촉진
십이지장 내분비선	• 세크레틴을 분비하여 췌장에서 중탄산염을 분비하도록 자극 • 콜레시스토키닌(CCK)을 분비하여 췌장 효소와 담즙 분비를 촉진 • 담낭 수축을 유도하여 담즙 분비 촉진 ⇨ 지방 소화 조절

❹ 소화와 흡수 과정

탄수화물	입(아밀라아제) ⇨ 소장(췌장 아밀라아제·이당분해효소) ⇨ 단당류 흡수
단백질	위에서 펩신 ⇨ 소장에서 트립신, 키모트립신으로 아미노산으로 분해하여 흡수
지방	담즙에 의해 유화 ⇨ 리파아제로 지방산과 글리세롤로 분해 ⇨ 소장 림프로 운반

비뇨기계

❶ 신장 구조는 피질, 수질, 신우로 구성
❷ 배뇨 과정은 신장에서 생산된 소변이 수뇨관을 거쳐 방광에 저장되고 요도를 통해 배출
❸ 비뇨기계는 체액과 전해질 균형을 유지하고, 노폐물을 배설

생식기계

❶ 남성 생식기계

주요 기관	고환, 부고환, 정관, 전립샘 등으로 구성
기능	정자와 남성 성호르몬(테스토스테론)을 생산하고 운반

❷ 여성 생식기계

여성 생식기계는 임신과 분만을 수행

주요 기관	난소, 자궁관(난관), 자궁, 질, 외음부로 구성
기능	난자를 생성하고 배출하며, 여성 호르몬(에스트로겐, 프로게스테론)을 분비

피부미용기기학

📑 피부미용기기와 기구

➤ 기본 용어와 개념

물질	• 물질이란 공간을 차지하고 질량을 가지는 모든 것 • 우리 주변의 공기, 물, 피부, 화장품, 기기 속의 전도체와 절연체 모두 물질에 해당 • 물질은 성질에 따라 순물질과 혼합물로 구분
원소	• 원소는 물질을 이루는 기본 입자이며, 더 이상 화학적으로 분해할 수 없는 단위 예 산소, 수소, 탄소 등 • 피부미용에서 사용하는 각종 화장품의 성분과 전해질은 이러한 원소들의 결합으로 이루어짐
화합물	• 화합물은 두 가지 이상의 원소가 일정한 비율로 결합하여 새로운 성질을 갖는 물질 • 예를 들어 물(H_2O)은 수소와 산소가 결합한 화합물이며, 염화나트륨($NaCl$)도 나트륨과 염소가 결합한 화합물임
전자와 이온	• 원자는 중심에 양전하를 띤 원자핵(양성자 + 중성자)이 있고, 그 주위를 음전하를 띤 전자가 돌고 있음 • 전자가 빠져나가면 양전하를 띤 양이온(+이온)이 되고, 전자를 얻으면 음전하를 띤 음이온(-이온)이 됨 • 이온은 전류를 전달하는 주요 매개체로서, 갈바닉 요법이나 이온영동기(이온삼투압기기) 사용 시 피부 속으로 성분을 침투시키는 원리가 됨

➤ 명명법

이온이나 화합물의 이름을 정하는 규칙으로, 피부미용에서는 전기요법이나 제품 성분 분석 시 이온의 극성과 이름을 이해하는 것이 중요

금속이온	• 금속이온은 일반적으로 양전하(+) • 피부 내 세포막의 전기적 균형을 조절하고, 전류 흐름 시 음극(-극)으로 이동·반응하는 성질을 가짐 • 예 나트륨이온(Na^+), 칼륨이온(K^+), 칼슘이온(Ca^{2+}) 등
비금속이온	• 비금속이온은 음전하(-) • 음극(-극)에서 반응하며, 피부의 노폐물이나 피지를 끌어내는 데 사용 • 예 염소이온(Cl^-), 황이온(S^{2-}), 산소이온(O^{2-}) 등

❯❯ 전기와 전류

전기	• 전기는 전하의 이동에 의해 생기는 에너지 • 피부미용기기에서 전기는 열, 진동, 자극, 화학 반응 등의 형태로 변환되어 피부에 생리적 작용을 촉진 • 전기의 흐름은 눈에 보이지 않지만, 피부미용기기의 작동 원리 대부분은 전류의 흐름이 기반
전류	• 전류란 단위 시간당 회로를 통과하는 전하의 양 • 전류가 많을수록 에너지 전달량이 커지고, 작용 강도 또한 세짐 • 전류의 흐름 방향은 양극에서 음극으로 이동

❯❯ 전기의 기본 용어

전압(Voltage, 전위차)	전류를 흐르게 하는 힘
전류(Current)	전하의 흐름을 의미. 단위는 암페어(A)
저항(Resistance)	전류의 흐름을 방해하는 성질이며, 피부 두께와 수분 및 피지량 등에 따라 다름
도체(Conductor)	전류가 잘 흐르는 물질 예 금속, 물, 인체
절연체(Insulator)	전류가 통하지 않는 물질 예 고무, 유리, 플라스틱
주파수(Frequency)	1초 동안 반복되는 교류 전류의 진동 횟수. 단위는 헤르츠(Hz)
직류(DC)	한 방향으로만 흐르는 전류. 갈바닉 기기에 사용
교류(AC)	방향이 주기적으로 바뀌는 전류. 고주파나 저주파 기기에 사용

📋 안면 피부진단기기 종류 및 기능

❯❯ 확대경(Magnifier)

❶ 피부 표면의 모공, 각질, 피지 상태를 육안으로 확대 관찰하기 위한 기기
❷ 조명과 확대렌즈가 함께 설치되어 있어, 피부타입 분석과 기초 진단에 필수적으로 사용

❯❯ 우드램프(Wood's Lamp)

❶ 자외선(UV-A, 약 365nm)을 이용하여 피부의 색소, 피지, 수분상태, 각질층을 관찰하는 기기
❷ 정상 피부는 보랏빛, 건성피부는 흰색, 지성 피부는 노란빛, 색소침착 부위는 짙은 갈색으로 표현

정상	청백색
건성	밝은 보라
민감 & 모세혈관 확장	흰색 보라
지성	주황색 또는 노란색
죽은 세포 & 각질	흰색
색소 침착 부위	암갈색

비듬 층	노란색(담황색)
진균 & 이물질	형광색

스킨스코프(Skin Scope)

1 자외선과 가시광선을 함께 사용하여 피부 속 상태를 영상으로 확인하는 기기
2 피부 수·유분 밸런스, 색소, 각질, 트러블을 정밀 분석하며, 고객에게 시각적으로 설명할 때 활용도가 높음

유분측정기(Sebum Meter)

1 피부 표면의 피지량을 수치로 측정하는 기기로, 이마·코·볼 등 부위별 유분도를 확인
2 결과값은 화장품 선택과 관리 방향 설정에 기초 자료로 사용

PH측정기

1 피부의 산도(pH)를 측정하는 기기
2 피부의 정상 pH는 약 4.5~6.5 범위로 약산성이며, 이 범위가 무너질 경우 트러블이 발생하기 쉬움
3 측정 결과에 따라 산성·알칼리성 화장품의 사용을 조절

안면 피부관리기기 종류 및 기능

기기 사용의 안전 및 관리 요령

1 모든 피부미용기기는 사용 전후 소독과 점검 필수
2 피부 상태, 전류 강도, 온도, 시간 조절을 정확히 숙지하지 않으면 화상이나 자극, 감전 등의 사고가 발생할 수 있으므로 주의
3 기기 사용 후에는 반드시 전원을 차단하고, 부속품을 알코올 솜으로 닦은 뒤 건조하여 보관
4 관리사는 반드시 KC 인증 제품을 사용하고, 사용 설명서를 충분히 숙지
5 관리 일지를 작성하고, 고객의 피부 상태를 재확인

스티머(Steamer)

개념	스티머는 물이나 허브수를 가열하여 발생한 수증기를 얼굴에 분사하는 기기
원리	• 따뜻한 증기가 모공을 열어 피지와 노폐물을 부드럽게 만들어 제거를 도움 • 수증기의 열과 수분이 각질층을 유연하게 하여 클렌징 효과를 높임
특징	오존 기능이 포함된 스티머는 살균 보조 효과가 있어, 여드름성 피부 관리에 효과적
주의사항	• 얼굴과의 거리는 15~20cm 유지, 사용 시간은 10분 이내가 적절 • 과도한 사용은 탈수, 홍반, 자극을 유발

➤ 전동브러시(Electric Brush)

개념	전동브러시는 회전 또는 진동하는 브러시 헤드를 이용해 피부 표면의 각질과 노폐물을 제거하는 기기
특징	• 클렌징폼과 함께 사용 시 세정효과가 높으며, 혈액 순환을 촉진 • 브러시의 종류(강모형, 연모형)를 피부타입에 맞춰 조정
주의사항	• 민감성 피부는 저속 회전으로 설정하고 부드럽게 사용 • 사용 후 브러시는 세척 후 완전히 건조

➤ 진공흡입기(Vacuum Suction)

개념	공기를 흡입하여 음압(-압력)을 형성하고, 모공 속 피지와 노폐물을 제거하고, 림프 순환을 자극하는 기기
원리	• 흡입컵을 피부에 강하게 밀착시키지 않도록 주의하며, 얼굴 중심에서 바깥쪽으로 방향 이동 • 음압이 피부를 일시적으로 당기면서 혈액순환과 림프순환을 자극
효과	피지·노폐물 제거, 림프순환 촉진, 부종 완화, 피부톤 개선
주의사항	• 압력이 너무 강하면 모세혈관이 파열될 수 있으므로 주의 • 얼굴 중심에서 바깥쪽, 아래에서 위 방향으로 이동 • 흡입컵은 사용 후 세척·소독하여 청결히 관리

➤ 갈바닉(Galvanic)

개념	갈바닉은 미세한 직류 전류(DC)를 이용하여 피부에 화학적 작용을 일으키는 기기	
특징	• 전극은 양극(+)과 음극(-)으로 구성되어 있으며, 두 극의 성질은 서로 반대	
	양극(+극)	산성 반응, 피부 수축·진정·수렴, 이온영동 시 성분 극성에 따라 침투 보조
	음극(-극)	알칼리성 반응을 일으켜 모공 속 노폐물을 용해하고, 세정 작용(이온 딥 클렌징)
	• 주로 딥 클렌징 ⇨ 이온영동 순으로 진행되며, 전류의 세기와 시간은 고객의 피부 민감도에 따라 조절	
종류	이온토포레시스, 디스인크러스테이션	

➤ 초음파(Ultrasonic) 기기

개념	초음파 기기는 전기의 진동 에너지를 이용하여 피부 속에 미세한 자극을 주는 기기
특징	• 초당 수십만~수백만 회 진동하는 에너지가 피부조직에 전달되어 마찰열과 진동을 발생 • 혈액과 림프순환이 촉진되고, 세포 재생과 콜라겐 합성이 활성화

구분	초음파는 주파수의 크기에 따라 저초음파와 고초음파로 구분	
	저초음파 (스킨 스크러버)	• 약 25~30kHz의 낮은 주파수를 이용 • 모공 속 피지와 각질, 노폐물을 유화하여 제거 • 피부 표면의 각질층을 부드럽게 정돈 • 딥 클렌징 단계에서 사용 • 관리 후에는 피부 보습 및 진정 관리가 필요
	고초음파 (리프팅·영양흡수용)	• 약 1~3MHz의 높은 주파수를 이용 • 진피층까지 진동 에너지가 전달되어 심부열(Deep Heat)을 발생 • 혈액과 림프순환 촉진 • 세포 재생과 콜라겐 생성을 자극 • 영양 앰플이나 세럼을 도포 후 사용하면 흡수율이 크게 향상

☑ 더 알아보기

초음파 기기 사용 시 주의사항
- 피부에는 반드시 전도용 젤을 도포하고 사용
- 헤드를 한 부위에 오래 머물지 않고, 부드럽게 이동하며 사용
- 금속 삽입, 심장질환, 임신, 염증 부위에는 사용 X
- 사용 후 헤드는 알코올로 소독하고 건조

고주파(Radio Frequency)
❶ 교류전류의 고주파 진동으로 피부 깊은 층에 열을 발생시켜 콜라겐 수축과 재생을 유도
❷ 피부 탄력 개선, 주름 완화, 림프순환 촉진에 효과적이며, 열감이 과하지 않도록 주의

전신 미용관리기기의 종류 및 기능

전신 고주파 기기
❶ 교류 전류를 이용해 피하 깊은 층에 열을 발생
❷ 혈류 촉진, 근육 이완, 지방분해, 탄력 개선 효과
❸ 전도젤을 도포한 후 일정한 속도로 작동
❹ 팔·다리는 심장 방향, 복부는 원심 방향으로 이동
❺ 따뜻함이 느껴질 정도로만 사용

❱❱ 저주파 자극기(EMS)

개념	미세한 전류를 근육에 전달하여 수축과 이완을 반복시키는 기기로, 탄력을 높이고 처짐을 예방
원리	• 전류가 신경섬유를 자극하여 근육이 스스로 움직이도록 유도 • 수동적 근육 운동을 통해 혈액 순환과 신진대사가 활발
사용방법	• 전극 패드를 관리 부위에 부착하고, 근육이 미세하게 움직일 정도로 강도를 조절 • 한 부위당 약 10~15분 사용
주의사항	• 심장질환, 임신, 금속 삽입자는 사용 금지 • 사용 전 전극 패드에 수분을 충분히 공급하고, 피부에 직접적인 통증이 느껴지면 즉시 중단

❱❱ 롤러 마사지기

개념	회전하는 롤러의 압박과 진동을 이용하여 근육을 이완시키고 림프순환을 촉진하는 기기
효과	혈류를 개선하고, 피로와 부종을 완화하며, 피부 탄력 및 윤기를 높이는 데 효과적
사용방법	• 방향은 아래에서 위, 중심에서 바깥쪽으로 롤링 • 피부 건조 시 마사지 오일 또는 크림을 도포하여 마찰을 완화
주의사항	과도한 압박은 멍이나 자극을 유발할 수 있으므로 적당한 압력과 속도로 관리

❱❱ 적외선 온열기

개념	파장 760~4000nm의 적외선 복사열을 이용해 근육을 이완시키고, 혈류를 촉진하는 기기
효과	모세혈관 확장, 혈액 순환 촉진, 통증 완화, 피로 회복에 효과적
사용방법	• 피부에서 약 30~40cm 거리를 유지하고, 온도는 40℃ 내외로 조절 • 관리 시간은 10~15분 정도가 적당
주의사항	눈을 반드시 보호 안대로 가리고, 홍반이나 염증 부위에는 사용 X

❱❱ 공기압 순환기

개념	여러 개의 공기주머니(에어셀)를 순차적으로 팽창·수축시켜 혈액과 림프의 흐름을 촉진하는 기기
효과	혈액 순환 장애 개선, 부종 완화, 피로회복, 다리 부기 제거에 효과적
사용방법	• 다리, 팔, 복부 등에 착용 후 단계별 압력을 조정하여 사용 • 공기주머니가 순서대로 압박하며 림프와 혈액의 흐름을 촉진
주의사항	• 혈전증, 고혈압, 정맥류, 임신 등 순환계 질환자는 사용 X • 사용 전 혈압 및 피부 상태를 반드시 확인

📑 광선기기의 종류 및 기능

🔸 적외선 기기와 자외선 기기

적외선 기기	• 파장 760~4000nm의 긴 파장을 이용하며, 피부 진피층까지 침투하여 온열 작용 • 모세혈관 확장, 혈류 촉진, 노폐물 배출, 근육 이완에 효과적 • 피부로부터 30~40cm 거리를 유지하며, 사용시간은 10~15분 이내가 적절 • 눈은 반드시 보호 안대를 착용 • 대표 기기: 적외선 램프, 적외선 온열기, 돔형 적외선기, 복합형 RF·IR 관리기기 등 • 주의사항: 장시간 조사 시 탈수와 자극이 생길 수 있으며, 염증, 홍반, 열감이 있는 부위에는 사용 X
자외선 기기	• 파장 200~400nm의 빛을 사용하며, 살균·소독 효과가 매우 우수 • 주로 여드름균 억제나 기기 소독 용도로 사용 • 피부에는 UV-A, UV-B 만 제한적으로 사용하며, 조사 시간은 2~3분 이내 • UV-C(200~280nm)는 살균용으로만 사용, 인체 직접 조사 X • 대표 기기: 자외선 램프, 자외선 살균기, 자외선 조사기 • 주의사항: 금속·플라스틱 도구는 열 변형을 막기 위해 장시간 노출하지 않으며, 인체 조사 시 반드시 보호안경을 착용

🔸 LED(가시광선) 기기

적색광 (약 630nm)	• 피부 속 콜라겐 생성을 촉진하고 탄력을 개선 • 주름 완화와 피부 재생에 특히 효과적
청색광 (약 415nm)	• 피지 분비를 억제하고 여드름균의 증식 억제 • 염증성 여드름과 트러블 피부의 진정에 효과적
녹색광 (약 520nm)	• 피부의 홍분을 가라앉히고, 색소침착 완화 • 피부톤을 균일하게 정돈하는 작용
황색광 (약 590nm)	• 림프순환을 촉진하여 부종과 노폐물 배출 촉진 • 피부를 맑게 하고 생기를 부여 • LED 관리는 비접촉식으로 이루어지며, 눈을 보호하기 위해 반드시 고글을 착용 • 조사 시간은 피부 상태에 따라 10~20분 이내로 함

☑️ 더 알아보기

광선기기 사용 시 주의사항

• 눈 보호: 모든 광선관리 중 반드시 고글 착용
• 조사거리 유지: 적외선 30~50cm, LED 5~10cm, 자외선 50cm 이상
• 시간 조절: 5~20분 이내
• 피부 상태 확인: 염증·홍반·열감이 있는 부위는 피함
• 기기 점검: 램프 밝기, 전원, 먼지 상태를 주기적으로 확인

화장품학

📄 화장품

🔴 화장품이란?
① 화장품이란 인체를 청결하게 하고 아름답게 꾸미며, 매력을 더하거나 피부·모발의 건강을 유지하기 위해 사용하는 제품
② 피부의 기능을 변화시키지 않으면서 외모를 개선하는 것이 목적이며, 인체에 대한 작용이 경미하고 안전해야 함
③ 질병의 진단이나 치료를 목적으로 하는 의약품 및 의약외품은 화장품에 포함되지 않음

🔴 화장품의 제조 기술

가용화	물과 기름을 계면활성제로 투명하게 섞이게 하는 기술
유화(에멀젼)	물과 기름을 균일하게 혼합하여 안정된 제형을 만드는 기술
분산	고체입자를 액체 속에 균일하게 흩어지게 하는 기술

🔴 화장품의 4대 품질 특성

안정성	제품의 성분, 색, 향, 점도 등이 변하지 않고 일정하게 유지되는 성질
안전성	피부 자극이나 부작용이 발생하지 않는 성질
사용성	감촉, 향, 흡수감, 발림성 등 사용 시 느껴지는 품질
유효성	제품이 의도한 기능과 효과(수렴, 보습, 미백, 세정 등)를 충분히 발휘하는 성질

🔴 포장에 기재할 사항
① 제품명, 용량 또는 중량, 제조 번호, 사용기한, 전성분
② 제조업자와 책임판매업자의 상호·주소, 사용상 주의사항 등
③ 기능성 화장품은 기능성 표시 문구를 반드시 표기

화장품 · 의약외품 · 의약품의 비교

구분	화장품	의약외품	의약품
사용대상	일반인	일반인	환자
사용목적	청결, 미화, 보호	위생, 예방	질병진단, 치료
작용강도	피부에 경미	약한 생리적 작용	강한 생리적 작용
사용기간	장기간 반복	단기 또는 필요시	단기간 사용
사용부위	전신 사용	국소 또는 제한적	특정 부위
부작용	없어야 함	거의 없음	있을 수 있음

피부용 제품의 분류

기초 화장품

❶ 피부의 기본적인 청결 · 정돈 · 보호를 위한 제품
❷ 기초 화장품의 단계

세정 단계	클렌징 폼, 클렌징 크림, 클렌징 로션, 클렌징 워터, 클렌징 젤 등
정돈 단계	화장수(유연 · 수렴), 팩(필오프 · 워시오프 · 시트 타입), 마사지 크림 등
보호 단계	로션, 영양 크림, 에센스 등

색조 화장품

❶ 피부의 색상이나 인상을 변화시키는 제품
❷ 메이크업 베이스, 파운데이션, 메이크업 파우더, 립 · 아이 · 치크 등의 포인트 메이크업 제품 등

바디 화장품

❶ 전신 피부를 위한 제품
❷ 바디 세정제, 트리트먼트제, 선텐제, 일광차단제, 체취방지용 제품 등

기능성 화장품

❶ 피부 기능을 보조하거나 개선하는 목적의 제품
❷ 주름개선제, 미백제, 자외선차단제(선크림 · 선탠제 · 흡수제), 피부보호용 에센스 등

모발용 제품의 분류

❶ 모발과 두피의 청결, 보습, 정발, 염색 등을 위한 제품
❷ 샴푸, 린스, 트리트먼트, 컨디셔너, 헤어팩, 헤어에센스, 염모제 등

◈ 에센셜 오일과 캐리어 오일

에센셜 오일	• 식물의 꽃, 잎, 줄기, 껍질 등에서 추출한 향기 성분으로, 피부관리나 향기요법(아로마테라피)에 사용 • 사용법: 입욕법, 흡입법, 확산법, 습포법 등
캐리어 오일	• 에센셜 오일을 희석하거나 피부에 전달하기 위한 기본 오일 • 호호바 오일, 아보카도 오일, 스위트아몬드 오일, 포도씨 오일 등

◈ 방향용품

❶ 방향용품은 향을 통해 기분을 전환시키고 체취를 개선하는 제품

❷ 대표적인 제품은 향수류이며, 향의 농도와 지속력에 따라 다음과 같이 구분

구분	향 농도	지속력
퍼퓸(Parfum)	20~30%	6~8시간
오 드 퍼퓸(Eau de Parfum)	15~20%	5~7시간
오 드 투왈렛(Eau de Toilette)	8~15%	3~5시간
오 드 코롱(Eau de Cologne)	3~8%	1~3시간
샤워 코롱(Shower Cologne)	1~3%	1~2시간

📋 화장품의 제조(원료)

◈ 유성 원료

특징		• 유성 원료는 피부에 윤기와 부드러움을 주며, 표면에 얇은 막을 형성하여 수분 증발을 방지 • 외부 자극으로부터 피부를 보호하고, 화장품의 도포감과 지속력을 향상 • 점도 조절, 형태 유지, 유화 안정화에도 중요한 역할
구분		유지류, 왁스류(식물성, 동물성), 탄화수소류, 고급지방산, 고급알코올, 에스터류, 오일(천연 오일, 합성 오일) 등으로 구분
성분	유지류	올리브오일, 아보카도오일, 호호바오일, 미네랄오일, 바세린 등
	왁스류	비즈왁스(밀랍), 칸데릴라왁스, 카르나우바왁스 등
	탄화수소류	파라핀, 세레신, 마이크로크리스탈린왁스 등
	고급지방산	스테아르산, 팔미틱산 등
	고급알코올	세틸알코올, 스테아릴알코올 등
	에스터류	이소프로필미리스테이트, 이소프로필팔미테이트 등
	실리콘오일	디메치콘, 사이클로메치콘, 메칠페닐폴리실록산 등

수성 원료

특징	• 화장품의 기본 용매로서 다른 원료를 녹이거나 분산시키는 역할 • 수성 원료는 피부에 청량감과 보습감을 부여 • 제품의 점도와 흡수감, 산뜻한 사용감을 결정
구분	수성 원료는 주로 정제수, 수용성 보습제와 에탄올 등으로 구성
성분	대표적인 수성 원료는 정제수이며, 보습 효과를 주는 성분으로 글리세린, 부틸렌글라이콜, 프로필렌글라이콜외에 히알루론산, 베타인, 트레할로스 등

계면활성제

특징		• 계면활성제는 유화, 세정, 분산, 습윤 작용을 하며, 제품의 안정성과 사용감을 조절 • 제형의 균질성을 유지하고, 피부 표면의 불순물을 제거 • 계면활성제는 분자 구조상 친수성과 친유성 부분을 함께 가진 물질로, 물과 기름을 균일하게 섞이도록 하는 역할
구분	양이온성 계면 활성제	• 특징: 살균, 소독 작용이 크며 정전기 발생 억제 • 주요 용도: 헤어 린스, 헤어 트리트먼트제 • 성분: 세틸피리디늄클로라이드, 스테아릴트리메틸암모늄클로라이드
	음이온성 계면 활성제	• 특징: 세정 작용과 기포 형성 작용이 우수 • 주요 용도: 비누, 샴푸, 클렌징 폼 • 성분: 라우릴황산나트륨, 라우레스황산나트륨
	비이온성 계면 활성제	• 특징: 피부 자극이 적음 • 주요 용도: 가용화제, 유화제, 세정제 • 성분: 소르비탄지방산에스테르, 폴리소르베이트
	양쪽성 계면 활성제	• 특징: 세정 작용에 쓰이며 피부 자극이 적음 • 주요 용도: 저자극 샴푸, 베이비 샴푸 • 성분: 코카미도프로필베타인, 라우릴디메틸아미노아세트산

보습제

특징		• 보습제는 피부의 수분을 유지하고 건조를 방지하기 위해 사용 • 피부의 각질층에 수분을 끌어당기거나, 증발을 막아 촉촉한 상태를 유지 • 피부의 유연성을 높이고 거칠음을 완화하며, 외부 자극으로부터 피부를 보호
구분		보습제는 천연 보습 인자, 고분자 보습제, 폴리올 계열로 구분
성분	천연 보습 인자	요소, 젖산, 피롤리돈카복실산(PCA) 등
	고분자 보습제	히알루론산, 콜라겐, 알긴산 등
	폴리올 계열	글리세린, 프로필렌글라이콜, 부틸렌글라이콜 등이 사용

❯❯ 방부제

특징	• 방부제는 제품에 미생물이 번식하는 것을 방지하기 위해 첨가 • 제품의 안전성과 저장성을 높여 품질이 오래 유지되도록 하는 역할 • 소량으로도 높은 향균 효과를 가지며, 물리적·화학적 안정성을 유지 • 피부 자극이 적고 다른 원료와 반응하지 않아야 함
구분	파라옥시안식향산메틸, 파라옥시안식향산프로필, 페녹시에탄올, 클로로페네신 등

❯❯ 색소

특징	• 색소는 제품에 색을 부여하거나 시각적 아름다움을 높이기 위해 사용 • 염료와 안료로 구분	
	염료	용해성 성질, 제품의 투명한 발색에 사용
	안료	불용성 성질, 은폐력 있는 발색에 사용
구분	• 염료는 수용성 염료와 유용성 염료 구분 • 안료는 무기안료(산화철, 이산화티타늄)와 유기안료(카민, 피그먼트 레드 등)로 구분	

❯❯ 기타 성분

특징	• 제품의 기능을 강화하거나 피부의 생리적 작용을 돕기 위해 첨가 • 피부 진정, 미백, 주름 개선, 보습, 유연 등의 다양한 효능을 부여	
성분	아줄렌	피부 진정
	AHA(알파하이드록시산)	각질 제거와 피부 재생 촉진
	콜라겐과 히알루론산	보습과 탄력 유지
	라놀린	피부를 부드럽게 하고 유연하게 하는 효과
	알부틴	미백 작용
	레티놀	주름 개선
	아미노산과 솔비톨	수분 유지와 보습력 향상

06 공중보건학

공중보건학

공중보건학의 개념

❶ 정의

공중보건학이란 조직적인 지역사회의 노력을 통하여 질병을 예방하고 수명을 연장하며 신체, 정신적 건강과 효율을 증진시키는 기술이며 과학(윈슬로우, C.E.A Winslow, 1920년)

❷ 목적

- 질병 예방, 수명 연장, 신체적, 정신적 건강 및 효율 증진
- 국민의 건강을 보호하고, 사회의 복지를 증진

❸ 범위

개인위생	개인의 청결과 건강을 유지하여 질병을 예방하는 활동
환경위생	공기, 물, 토양 등 외부 환경을 청결히 유지하여 건강을 보호하는 것
식품위생	식품의 생산, 가공, 저장, 운반, 판매 전 과정에서 오염을 방지하여 안전한 식품을 제공하는 것
산업위생	작업환경에서 발생하는 유해 요인을 제거하거나 감소시켜 근로자의 건강을 보호하는 것
학교보건	학생과 교직원의 건강을 보호하고 쾌적한 학습 환경을 조성하는 것
모자보건	임산부와 영유아의 건강을 보호하고 증진시키는 것
노인보건	고령자의 신체적, 정신적 건강을 유지하고 삶의 질을 향상시키는 것
정신보건	정신질환을 예방하고 심리적 안정을 유지하여 건전한 사회생활을 돕는 것

❹ 공중보건의 수준 평가방법

- 다른 나라와 보건 수준을 평가할 때 기준

평균 수명	0세의 평균여명
조사망률	1,000명당 1년간의 전체 사망자 수
비례사망률	전체 사망에 대한 특정 질병에 의한 사망을 백분율로 표시

- 다른 지역과 보건 수준을 평가할 때 기준
  - 영유아사망률: 1,000명당 생후 1년 미만의 사망자 수

⑤ 보건지표
- 한 사회나 국가의 건강 상태를 수치로 나타낸 것으로 보건 정책과 의료 서비스의 효과를 판단하는 자료로 활용
- 보건지표의 종류

조사망률	• 전체 인구 1,000명당 연간 사망자 수 • 국가의 전체 사망 수준을 파악하는데 활용
영아사망률	• 1세 미만 영아 1,000명당 사망자 수 • 보건 환경과 의료 수준을 평가하는 지표로 활용
비례 사망지수	전체 사망자 중 50세 이상의 사망자의 비율
평균 수명	• 한 사람이 평균적으로 기대할 수 있는 생존 연수 • 국가의 보건 수준과 생활 수준을 평가하는데 활용

▶ 건강과 질병

① 건강
단순히 허약하지 않은 상태만을 의미하는 것이 아니라 육체적, 정신적, 사회적으로 완전히 안녕한 상태 (WHO)

② 질병
- 심신의 전체 또는 일부가 일차적 또는 지속적으로 장애를 일으켜서 정상적인 생리 기능을 하지 못하는 상태
- 질병 발생의 3대 인자

병인	원충, 기생충, 온열, 한랭, 방사능, 화학약품, 강박신경증, 노이로제, 히스테리
숙주	연령, 성별, 유전, 직업, 개인위생, 식습관, 후천적 저항력, 건강상태
환경	기상, 계절, 지진, 쥐, 모기, 파리 등

🗒 보건행정

▶ 보건행정

① 정의
공중보건의 이론을 바탕으로 국민의 질병 예방, 생명 연장, 건강증진을 위해 국가 및 지방자치단체(보건소, 질병관리청, 보건복지부 등)가 주도적으로 수행하고 활동하는 공적인 행정 활동

② 목표
질병 예방, 환경 위생 향상, 영양 개선, 의료 서비스 제공, 건강증진 등

❸ 주요 기능

기획 및 정책수립	국민건강 증진을 위한 계획과 정책을 수립
보건사업의 시행	예방접종, 건강검진, 환경위생관리 등의 사업을 수행
감염병 관리	감염병 발생 시 신고, 역학조사, 격리, 방역 등의 조치를 시행
보건 통계 관리	질병 발생률, 사망률 등의 통계를 수집·분석하여 보건 정책에 활용
사회보험	사회에 대한 보정을 목적으로 건강, 노후, 사망, 실업, 산업재해의 사고를 대비한 강제보험 (우리나라 4대 보험: 국민연금, 건강보험, 고용보험, 산재보험)

❹ 범위

보건 관계 기록의 보존, 대중에 대한 보수교육, 환경위생, 감염병 관리, 모자보건, 의료 및 보건 간호 등의 범위로 규정(WHO)

사회보장과 세계보건기구

❶ 사회보장

모든 국민이 건강하고 최선의 생활을 영위할 수 있도록 질병, 부상, 사망 등에 대한 보험 급여를 실시하고 국민 보건 향상을 위해 해주어야 하는 것

❷ 사회보장을 위한 사회 보험

국민연금, 고용보험, 산재보험, 장기요양 보험

세계보건기구(WHO, World Health Organization)

❶ 1948년 설립, 본부는 스위스 제네바
❷ 한국은 1949년 회원국으로 가입

가족보건

❶ 모자보건

목적	모성(母性) 및 영유아의 생명과 건강을 보호하고 건전한 자녀의 출산과 양육을 도모함으로써 국민 보건 향상에 이바지(모자보건법)
모자보건의 3대 목표	산전 보호 관리, 산욕 보호 관리, 분만 보호 관리
대상	• 모성: 임산부(임신부 및 산후 6개월 미만 여성) 및 가임기 여성 • 아동: 영유아(출생 후 6년 미만)와 미취학 아동
주요 활동	• 산전·산후 관리: 정기 검진, 상담, 출산 준비 교육 등 • 예방접종: 영유아 필수 예방접종 실시 및 관리 • 선천성 기형 및 난청 검사: 신생아 선별 검사 지원 • 영유아 성장 발달 관리: 건강한 성장과 발달을 위한 관리 및 교육을 제공

② 가족계획

정의	가족 구성원의 수, 터울 및 출산 시기를 스스로 결정하도록 지원함으로써, 개인과 가족의 건강과 복지를 증진하는 모든 활동
목표	개인의 건강권을 보장하고 사회·경제적 안정을 도모
주요 활동	• 피임 교육 및 상담: 다양한 피임 방법 정보를 제공하고 선택을 지원 • 불임 및 난임 관리: 불임 검사 및 치료에 대한 정보 제공 및 지원 • 성교육: 청소년 및 성인을 대상으로 한 올바른 성 지식 및 책임감 있는 출산 교육을 실시 • 출산 및 양육 지원 정책 연계: 건강한 출산과 양육을 위한 국가 지원 정보를 제공

노인보건

정의	노년기에 발생하는 신체적·정신적·사회적 문제를 예방하고 건강을 유지하며 삶의 질을 향상하기 위한 포괄적인 보건관리 활동
대상	노인복지법 상의 노인(만 65세 이상) 또는 보건 정책상의 기준 연령 이상 인구
주요 활동	• 만성질환 관리: 고혈압, 당뇨병, 관절염 등 만성 퇴행성 질환의 예방 및 지속적인 관리 • 정신 건강: 우울증, 치매 등 정신질환의 조기 발견과 치료 및 예방 활동 • 기능 저하 예방: 신체 기능 및 인지 기능 유지를 위한 운동, 영양 교육, 재활 서비스를 제공 • 낙상 예방: 노인의 주요 손상 원인인 낙상 예방 교육 및 환경 개선 지원 • 노인 장기 요양보험 제도 연계: 돌봄이 필요한 노인에게 신체 활동 및 가사 활동 지원 등의 서비스를 제공

산업안전보건

① 산업재해

노동과정에서 발생하는 노동자의 심신 피해

② 산업안전대책 3대 요소

안전교육, 기술점검, 관리 및 규제

③ 산업재해 3대 평가

도수율, 강도율, 빈도율

④ 직업병

이상고온	열경련증 등
이상기압	(고압일 경우)잠함병 등
분진	석폐증(석탄), 규폐증(규석) 등
중금속	이따이이따이(카드뮴), 미나마타(수은) 등

❯❯ 인구문제와 가족계획

❶ 인구문제

증가	3M(기아, 질병, 사망)과 3P(인구, 빈곤, 공해)
감소	노동력이 부족할 경우 경제발전에 저하

❷ 인구조사(국세조사)

5년마다 11월 1일에 인구조사 시행

❸ 인구구조(인구구성)

피라미드형	출생률 > 사망률, 인구 증가
항아리형	출생률 < 사망률, 인구 감소
종형	출생률 = 사망률, 인구 정지
별형	청년층 > 노년층, 도시형
호로형	청년층 < 노년층, 농촌형

📋 환경보건

❯❯ 환경보건 정의와 관리 영역

❶ 환경오염과 유해화학물질 등이 사람의 건강과 생태계에 미치는 영향을 조사·평가하고 이를 예방·관리하는 것(환경보건법)

❷ 주요 관리 영역: 인간이 생활하는 환경 전반

물 관리	상수원 보호, 먹는 물 수질 관리, 하수 및 폐수 처리
공기 질 관리	대기 오염 물질을 감시하고 통제하며, 실내 공기 질을 관리
폐기물 관리	쓰레기 및 유해 폐기물을 안전하게 처리하고 재활용
소음 및 진동 관리	생활 소음 및 산업 소음을 규제하고 관리
화학 물질 및 유해 물질 관리	환경 중 유해 화학 물질의 노출을 평가하고 통제
기후 변화와 건강 관리	기후 변화로 인한 폭염, 한파, 감염병 변화 등에 대비하고 대응

❯❯ 기후

❶ 기후의 3대 요소: 기온, 기습, 기류

❷ 온열 작용의 4대 요소: 기온, 습도, 기류, 복사열

❸ 실내 쾌적 온열 조건: 기온 18~20℃, 상대 습도 40~70%

❹ 불쾌지수: 사람이 느끼는 더위와 불쾌감을 수치로 나타낸 지표

70 이상	10%의 사람이 불쾌감 느낌
75 이상	50%의 사람이 불쾌감 느낌
80 이상	사람들의 대부분이 짜증냄
85 이상	거의 모든 사람들이 불쾌감 느낌

공기

❶ 공기의 조성

정의	지구 대기를 구성하는 기체의 혼합물
특징	질소, 산소, 아르곤, 이산화탄소 등이 주된 성분이며, 수증기나 미세먼지 등은 그 양이 변동하는 부성분

❷ 성분별 특징

질소	• 조성 비율: 건조 공기의 약 78%를 차지하여 가장 많은 양을 차지 • 생리적 역할: 인체 생리 작용에 직접적인 영향을 주지 않는 불활성 기체
산소	• 조성 비율: 건조 공기의 약 21%를 차지하며, 생명 유지에 필수적인 기체 • 생리적 역할: 체내에서 세포 호흡에 사용된다. 영양분을 산화시켜 에너지를 생산 • 농도 변화의 영향: 18% 이하에서는 산소 결핍 증상이 발생
이산화탄소	• 조성 비율: 건조 공기의 약 0.04%로 매우 적은 양을 차지 • 생리적 역할: 인체에서는 세포 호흡의 결과물로 발생하며, 혈액의 pH를 조절하는 중요한 역할 • 환경적 역할: 지구의 온실 효과에 기여하는 주요 기체

대기오염

정의	인위적인 행위에 의해 발생된 오염물질이 사람, 동식물의 생명 또는 재산에 해가 될 정도로 충분한 양, 충분한 시간 동안 대기 중에 존재하는 상태
물질	일산화탄소(CO), 질소산화물(NO), 황산화물(SO), 탄화수소(HC), 분진 등
유형	산성비, 스모그, 기온역전, 온난화, 오존층 파괴 등

수질 환경

❶ 물의 경도
물속에 녹아 있는 미네랄 이온의 양으로 구분

경수	수소와 산소로 이루어진 보통 물로 칼슘과 마그네슘의 함량이 많아 거품이 잘 일어나지 않음
연수	칼슘과 마그네슘 같은 미네랄 이온이 들어있지 않은 물로 거품이 잘 일어남

❷ 물의 보건상 문제
오염된 물로 인해 장티푸스, 콜레라, 이질, 파라티푸스, 유행성간염 등 수인성 감염병 야기

❸ 상수
- 상수란 생활용수, 공업용수, 농업용수 등으로 사용하기 위해 인위적으로 정수 처리한 깨끗한 물
- 상수의 위생 기준은 탁도, 냄새, 색도, 세균수, 잔류염소량 등을 포함하며, 수돗물은 인체에 해가 없는 수준으로 관리
- 상수의 주요 공급원은 지하수, 하천수, 저수지 등이며, 정수장의 여러 과정을 거쳐 안전하게 공급

❹ 상수의 정수 과정
집수 ⇨ 응집 ⇨ 침전 ⇨ 여과 ⇨ 소독(염소) ⇨ 급수

응집	물 속의 미세한 불순물을 화학약품(응집제)을 사용하여 뭉치게 하는 과정
침전	응집된 물질을 침전지에서 가라앉히는 과정
여과	모래층이나 활성탄층을 통과시켜 남은 불순물을 제거
소독	염소나 오존을 이용해 세균, 바이러스 등을 살균

> **Tip 염소(Cl2) 소독**
> 소독 효과가 빠르고 침전물이 생기지 않으며 주입 시 조작이 간편하나, 냄새와 맛이 나며 자극적임

❺ 하수
- 하수란 생활, 산업, 농업 활동 후 배출되는 오염된 물
- 하수는 미생물, 유기물, 화학물질 등이 포함되어 있으며, 그대로 방류할 경우 수질 오염과 악취, 전염병의 원인
- 하수의 적절한 처리는 수질 오염 방지뿐만 아니라 지역의 위생환경을 개선하는 데 중요한 역할

❻ 하수의 정화 과정
침사지 ⇨ 폭기조(생물학적 처리) ⇨ 소독

침사지	모래, 자갈 등 큰 입자를 제거하는 과정
폭기조	미생물이 유기물을 분해하여 정화하는 과정
소독	처리된 물에 남은 세균을 제거하고 하천으로 방류

❼ 하수 오염 지표

생화학적 산소요구량(BOD)	• 물의 오염도를 생물학적으로 측정하는 방법 • BOD가 높을수록 오염된 물
화학적 산소요구량(COD)	화학적 방법으로 물을 정화할 때 필요한 산소량
용존산소량(DO)	• 물에 녹아 있는 산소량 • DO가 높을수록 적은 오염 • 온도가 낮을수록 DO 증가
부유물질(SS)	오염물이나 쓰레기가 부유하지 않아야 함
수소이온농도(PH)	PH7 미만은 산성, PH7 초과는 알카리성(염기성)

주거 및 의복 환경

1 주거환경

- 채광 조건

창의 크기	실내 바닥면적의 1/5~1/7 정도
창의 높이	벽 높이의 1/3정도
창의 방향	남향
개각	4~5° 이상(각이 클수록 밝음)
입사각	28° 이상(각이 클수록 밝음)

- 조명의 종류

직접 조명	광원이 직접 빛을 비춤(서치라이트)
간접 조명	반사광이 물건을 비춤
전체 조명	전체적으로 밝게 비춤
부분 조명	정밀작업할 때 부분을 비춤

2 의복 환경

- 신체보호기능, 체온조절, 사회생활, 신체 청결, 미용 등에 용이할 것
- 온도, 습도, 기류 등에 조절력이 양호할 것
- 활동에 적합하고 감촉이 좋을 것
- 세탁이 쉽고, 오염에 강할 것

🗐 식품위생과 영양

식품위생과 식중독

식품위생	식품, 식품첨가물, 기구 또는 용기·포장을 대상으로 하는 음식물에 관한 위생
식중독	식중독은 오염된 식품이나 물을 섭취함으로써 인체에 이상을 일으키는 질병으로, 원인에 따라 세균성 식중독, 자연독 식중독, 화학성 식중독 등으로 구분

식중독의 분류

1 세균성 식중독

감염형 식중독	살모넬라	오염된 날고기, 달걀, 소고기 및 잘 씻지 않은 채소, 과일 등
	장염비브리오	염된 어패류, 오염 어패류에 접촉한 도마, 식칼, 행주에 의한 2차 감염
	병원성 대장균	오염된 우유, 치즈, 김밥, 두부, 도시락 등의 섭취

독소형 식중독	포도상구균	오염된 우유, 유제품, 떡, 김밥, 도시락
	보툴리누스균	오염된 육류, 소시지, 통조림제품 ※ 치사율이 높음
	웰치균	오염된 수육 및 육가공 식품, 어패류

❷ 자연성 식중독

| 식물성 식중독 | 무스카린(독버섯), 솔라닌(감자 싹), 아미그달린(살구씨와 복숭아씨 속 약용 성분) |
| 동물성 식중독 | 테트로톡신(복어), 베네루핀(굴의 내장) |

❸ 화학성 식중독
- 농약, 세제, 중금속, 식품첨가물 등 화학물질에 의한 식중독
- 농산물에 남은 농약, 오래된 통조림의 납, 식품가공 중 과다한 보존료나 착색제 등이 원인
- 증상은 구토, 어지러움, 호흡곤란, 신경장애 등 다양하며, 화학물질 오·남용을 철저하게 관리

식품의 보존

❶ 물리적 보존법
물리적인 조건을 변화시켜 미생물의 생육을 억제하거나 사멸시키는 방법

저온저장법	냉장(0~5℃) 또는 냉동(-18℃ 이하)하여 미생물의 증식을 억제
가열살균법	일정한 온도에서 가열하여 병원균과 효소를 파괴
건조법	수분을 제거하여 미생물이 번식할 수 없는 환경을 조성
진공포장 및 밀봉법	산소를 차단하여 부패를 방지
방사선 조사법	감마선 등을 조사하여 식품 속 미생물을 제거

❷ 화학적 보존법
화학물질을 사용하여 부패를 지연시키거나 미생물의 번식을 억제하는 방법

소금 절임	고농도의 염분이 미생물의 수분 활동을 억제
설탕 절임	삼투압 작용으로 미생물의 생장을 억제
식초 절임(산성화)	낮은 PH로 세균의 생육을 억제
보존료 사용	아황산나트륨, 안식향산나트륨 등 합성 보존제를 사용하나, 기준량을 초과 금지

기생충 질환

❶ 선충류

회충	가장 높은 감염률
십이지장충(구충)	경구 및 경피 침입
요충증	집단감염률과 유아감염률 높음
말레이사상충	모기에 의해 감염

② 조충류

민촌충(무구조충)	덜 익은 소고기
갈고리촌충(유구조충)	덜 익은 돼지고기
긴촌충(광절열두조충)	덜 익은 연어, 농어 등

③ 흡충류

간흡충증(간디스토마)	• 1차 숙주: 쇠우렁이 • 2차 숙주: 잉어, 붕어
폐흡충증(폐디스토마)	• 1차 숙주: 다슬기 • 2차 숙주: 가재, 게
요꼬가와흡충증	• 1차 숙주: 다슬기 • 2차 숙주: 은어

영양

① 영양소의 3대 기능

열량 공급	체내의 에너지원으로 탄수화물, 단백질, 지방으로 구성
조직구성	단백질, 무기질, 물을 중심으로 구성
생리기능 조절	단백질, 지방, 탄수화물, 무기질, 비타민으로 구성

② 3대 · 4대 · 5대 영양소

구분	포함되는 영양소	주요 작용
3대 영양소	단백질, 탄수화물, 지방	열량 공급, 구성
4대 영양소	단백질, 탄수화물, 지방, 무기질	인체 구성 작용
5대 영양소	단백질, 탄수화물, 지방, 무기질, 비타민	인체 구성 · 조절 작용

③ 비타민(결핍 시 증상)

구분	비타민	결핍 시 나타나는 증상
지용성	비타민 A	야맹증, 안구건조증
	비타민 D	구루병
	비타민 E	노화 촉진, 적혈구 용혈
	비타민 F	피부 건조
	비타민 K	혈액응고 지연
수용성	비타민 B1(티아민)	식욕부진, 신경장애
	비타민 B2(리보플라빈)	구각염
	비타민 B3(나이아신)	펠라그라병
	비타민 B6(피리독신)	단백질 대사 장애, 피부염
	비타민 B12(코발라민)	악성 빈혈
	비타민 C	괴혈병

④ 무기질(결핍 시 증상)

무기질	결핍 시 나타나는 증상
철분(Fe)	빈혈
인(P)	뼈 발육 장애
아이오딘(I)	갑상선 기능 장애
칼슘(Ca)	뼈와 치아 발육 불량
나트륨(Na) / 칼륨(K)	근육 경련, 신경전달 장애, 전해질 불균형

📑 미생물 총론

▶ 미생물 개요

정의	육안으로 볼 수 없는 생물(짚신벌레, 해캄, 콜레라균, 장티푸스, 야광충, 누룩곰팡이)
역사	• 1665년 로버트 훅이 복합 광학현미경을 조립하여 코르크를 관찰하면서 발견한 작은 방의 구조를 보고 세포로 명칭 • 1675년 레벤후크는 현미경을 발명하여 미생물을 최초로 관찰하고 미소동물이라고 명명 • 1864년 루이 파스퇴르는 저온살균법을 처음으로 고안하였으며 발효·부패 미생물설, 자연발생설 부정 • 1882년 로베르트 코흐는 최초로 특정한 세균이 질병을 일으킴을 증명하고 하나의 미생물이 하나의 특정한 질병을 일으킨다는 병원균설을 확립하였으며 결핵균을 발견

▶ 미생물의 분류

❶ 병원성 미생물

바이러스	• 핵산과 단백질로만 이루어져 숙주에 의존해서 생활 • 간염 바이러스를 제외하고 열과 소독에 비교적 약함(종류에 따라 저항성 차이가 있음) • 수두, 인플루엔자, 소아마비, 유행성 이하선염, 광견병, AIDS, 간염, 천연두 등
세균	• 살아있는 생물이나 동물 조직에 침입하여 서식 • 번식 속도가 빨라 조직 내에서 유해 물질을 발생시켜 질병을 확산 • 둥근모양(구균), 막대모양(간균), 가늘고 긴 만곡된 모양(나선균) 등
리케차	• 세균처럼 단독 세포로 존재 • 절지동물에 기생하여 급성 열성 질환으로 발열, 피부발진, 맥관염 등의 증상 • 인수공통의 미생물 병원체
진균	• 곰팡이, 효모, 버섯류 등의 진균으로 박테리아보다 큰 진핵 세포로 구성 • 균사라고 하는 가는 실 모양의 세포로 이루어져 있고 격벽의 유무로 균류를 구분 • 무좀, 칸디다증 등의 피부질환을 야기

❷ 비병원성 미생물

　　발효균, 효모균, 유산균 등

▶ 미생물 생육에 영향 주는 외인성 인자

온도		• 최적온도: 미생물이 가장 빠르게 성장하는 온도 • 대부분의 병원성 세균은 인체 온도인 약 37℃
상대습도		• 식품 표면 및 주변 환경의 습도에 영향을 주고, 미생물 성장에 중요하게 작용 • 높은 상대습도는 대부분의 미생물 성장에 유리
대기 기체 조성 (산소 존재 여부)	호기성 미생물	산소가 필요한 미생물
	혐기성 미생물	산소가 없는 환경에서 성장
	미호기성 미생물	매우 낮은 산소농도가 최적
	통성혐기성 미생물	산소 유무와 상관없이 성장

📄 역학과 감염병

▶ 감염병 발생 3대 요소

❶ 숙주

● 환자

● 보균자(건강보균자가 관리하기 가장 어려움)

● 병원체 보유 동물

쥐	페스트, 서교증, 와일씨병 등
들토끼	야토병 등
개	광견병(=공수병) 등
말	탄저병, 비저병 등

❷ 환경(감염 경로)

직접감염	직접 접촉	임질, 매독, 공수병, 서교병 등
	비말감염	결핵, 디프테리아, 백일해, 성홍열 등
간접감염	활성전파체감염	이(발진티푸스, 재귀열), 벼룩(페스트, 발진열), 파리(이질, 콜레라), 모기(일본뇌염, 황열, 말라리아) 등
	비활성전파체감염	식품(장티푸스, 파라티푸스, 이질), 물(장티푸스, 파라티푸스, 이질) 등

☑**더** 알아보기

침입경로별 감염병
- 호흡기: 결핵, 나병, 디프테리아, 백일해, 조류독감, 인플루엔자 등
- 소화기: 콜레라, 세균성이질, 장티푸스, 폴리오, 식중독 등
- 피부: 파상풍, 와일씨, 야토병, 페스트 등

❸ 병인
세균, 바이러스, 기생충, 독소, 화학물질 등 질병을 직접 일으키는 원인

면역

구분	선천적 면역	후천적 면역
형성 시기	출생 시부터 존재	감염·예방접종 후 형성
특이성	비특이적	특이적
반응 속도	빠름	느림
면역 기억	없음	있음
항체 생성	없음	있음
주요 역할	1차 방어	2차 방어

검역

❶ 국내외로 입·출국하는 항공기, 사람 및 화물을 검역하는 국가의 보건 조치와 검역감염병 예방을 위한 조치
❷ 검역감염병의 종류: 메르스, 에볼라바이러스, 황열, 콜레라, 폴리오, 페스트, 중증급성호흡기증후군, 신종인플루엔자감염증, 동물(조류)인플루엔자인체감염증

법정감염병

1급 감염병 (18종)	• 전파속도 빠르고 위험, 발생 즉시 신고, 격리 필요 • 두창, 페스트, 탄저, 보툴리눔독소증, 야토병, 신종인플루엔자감염증, 디프테리아, 신종감염병증후군 등
2급 감염병 (21종)	• 24시간 이내 신고, 격리 필요 • 결핵, 수두, 홍역, 콜레라, 장티푸스, 파라티푸스, 세균성이질, 장출혈성대장균감염증, A형간염, 백일해, 유행성이하선염, 폴리오, 한센병, 성홍열, 풍진, 수막구균감염증 등
3급 감염병 (28종)	• 24시간 이내 신고, 계속 감시 • 파상풍, B형간염, 일본뇌염, 황열, 뎅기열, C형간염, 말라리아, 레지오넬라증, 비브리오패혈증, 발진티푸스, 발진열, 쯔쯔가무시증, 렙토스피라증, 브루셀라증, 공수병, 후천성면역결핍증(AIDS), 매독 등
4급 감염병 (23종)	• 7일 이내 신고, 표본 감시 • 코로나바이러스감염증-19, 회충증, 편충증, 요충증, 간흡충증, 폐흡충증, 장흡충증, 수족구병, 임질, 살모넬라균 감염증, 장염비브리오균 감염증 등

소독

소독의 개요

① 정의

소독의 협의적 의미는 병원 미생물의 생활력을 제거하여 감염력을 없애는 것이며, 광의적 의미는 병원 또는 비병원성 미생물을 죽이거나 감염력의 증식력을 없애는 조작으로서 살균과 방부, 멸균을 포함

② 관련 용어

멸균	미생물 또는 포자까지 사멸 또는 제거
살균	물리적·화학적 작용으로 죽이는 것, 내열성포자는 존재
소독	살균작용으로 병원성 미생물의 생활력과 감염력을 제거
방부	병원 미생물의 발육과 작용을 정지, 지연
오염	물체 내면이나 표면에 병원체가 부착
침입	세균이 인체 내로 들어가는 것
감염	병원체가 인체에 침입하여 발육, 증식

소독 기전

산화 작용	과산화수소, 염소, 과망간산칼륨, 오존
균체 단백질 응고	산, 알칼리, 석탄산, 알코올, 크레졸, 포르말린, 승홍
균체 효소계의 침투 작용	석탄산, 알코올, 역성비누
가수분해 작용	강산, 강알칼리, 열탕수
중금속염의 형성	승홍, 머큐로크롬, 질산은
핵산 작용	자외선, 방사선, 포르말린, 에틸렌옥사이드
탈수 작용	식염, 설탕, 포르말린, 알코올
세포막의 삼투성 변화 작용	석탄산, 역성비누, 중금

소독법의 분류

① 자연소독법

희석	희석자체에 의한 살균효과는 없으나 발육을 지연시켜 세균 수 감소 효과
태양광선	자외선에 의한 살균 파장은 2,900~3,200 Å, 이불, 수건, 의류, 침구류 등을 소독
한랭	저온 소독법으로 세균의 발육이 저하되지만 사멸 효과는 없음

❷ 물리적 소독법
● 가열처리법

종류		소독방법
자비 소독법		• 100℃ 끓는 물에 15~20분간 삶아 소독 • 아포균의 완전 소독 불가능 • 석탄산, 크레졸 첨가하면 소독력 상승
건 열 멸 균	화염 멸균법	• 불을 직접 접촉하여 미생물을 멸균 • 금속류, 유리, 이·미용도구, 바늘 등
	소각법	• 불에 태워 멸균하는 방법으로 가장 확실 • 오염된 수건, 휴지, 쓰레기 등
	건열 멸균법	• 160~170℃ 건열멸균기에서 1~2시간 처리 • 유리 기구, 분말, 금속류 등
습 열 멸 균	고압증기 멸균법	• 고압증기멸균기 사용 • 10Lbs/30분, 15Lbs/20분, 20Lbs/15분 • 포자균 멸균에 적합 • 의류, 기구, 고무제품 등
	유통증기 멸균법	• 1일 1회 30분씩 3회 간헐 멸균(코흐 멸균법) • 식기류, 도자기류, 주사기, 의류소독 등
	저온 살균법	• 포자 형성 않은 유제품 등 살균 • 우유(65℃. 30분간), 포도주(55℃, 10분간)
	초고온 순간멸균	• 135℃에서 2초간 처리 • 순간적 열처리 방법, 영양소 파괴 적음

● 무가열처리법

종류	소독방법
자외선 멸균법	• 자외선 중 2,650Å의 파장을 사용하여 멸균 • 무균실, 식품, 기구 등
세균 여과법	• 열에 불안정한 액체를 여과하여 멸균 • 화학물질, 액체물질 등
초음파 멸균법	• 초음파로 살균 • 식품, 시약, 액체 등
방사선 멸균법	• 방사선원을 이용하여 살균 • 용기, 플라스틱 제품, 목재 등
냉동법	• 균의 번식과 활동 억제, 살균효과는 없음 • 식품 저장 등
희석	• 일정 농도 이상의 균주를 소독 • 환자 배설물 등

❸ 화학적 소독법

석탄산 (3%)	• 피부 점막 자극, 냄새, 독성 강함 • 금속부식 • 단백질 응고, 세포용해, 균체효소 침투작용 • 환자복, 오물, 배설물 등 • 석탄산계수 = 소독약의 희석배수 / 석탄산의 희석배수
크레졸 (3%)	• 냄새가 강함 • 바이러스는 소독 효과 적으나, 세균 소독 효과 높음 • 손, 오물, 객담 등(손 소독의 크레졸 농도는 1%)
알코올 (70%)	• 무포자 형성균에는 소독 효과 있음 • 아포에는 소독 효과 없음 • 피부, 가구 소독 등
승홍 (0.1%)	• 맹독성이며 금속 부식 강함 • 식기류나 피부 소독에는 부적합 • 배설물 등
생석회 (생석회 분말 : 물 = 1~2 : 9~8)	• 무아포균에 소독 효과 • 장기간 공기노출 시 살균력 저하 • 분변, 오수, 토사물 등
과산화수소 (3%)	• 무포자균을 살균하며, 자극성 적음 • 구내염, 인두염, 구강세척 등
역성비누 (0.01%~0.1%)	• 자극성과 독성 적음 • 포도상구균, 결핵균에 유효 • 인체소독, 피부 소독
포름알데히드 (35~40%)	• 미생물에 강한 살균력 • 자극적인 냄새와 독성으로 눈과 피부 점막에 부적합 • 금속, 고무, 플라스틱 재질 제품 등
포르말린 (0.02~0.1%)	• 강한 자극성 • 의류, 도자기, 목제품, 셀룰로이드 등
붕산 (상처 3%, 방부세척 1~3%)	• 무색광택의 결정성 분말 • 살균력은 약하나 자극 적음 • 인체소독, 피부소독
염소제 (표백분, 차아염소산나트륨)	• 독성 강하고 가격 저렴 • 금속부식, 피부 자극 유발 • 표백, 방취, 방부에 효과적 • 수영장, 목욕탕, 하수 등
머큐크롬액 (2%)	• 살균력은 약하나 자극 적음 • 피부 상처, 점막 등
약용비누	• 살균과 세정효과 • 손, 피부 소독, 창상 소독 등

▶ 분야별 위생·소독

❶ 미용실의 실내 환경 위생 소독

- 24시간 평균 실내 미세먼지의 양이 150μg/m³을 초과하는 경우 실내공기 정화 시설 및 설비를 기준 이하로 관리한다.
- 오염물질의 종류와 허용기준

오염물질종류	오염허용기준
미세먼지(PM-10)	24시간 평균치 150μg/m³이하
일산화탄소(CO)	1시간 평균치 10ppm이하
이산화탄소(CO2)	1시간 평균치 1,000ppm이하

❷ 미용실 도구와 기기 소독

실내 및 기구 소독	크레졸, 차아염소산나트륨, 알코올 등
가위, (수동)클리퍼	70% 에탄올, 고압증기멸균기
레이저 기기	알코올을 이용한 표면 소독(열·증기 소독 금지)
빗류	자외선 소독기
타월·가운류	자비소독, 증기소독, 역성비누, 일광소독
기타 도구	70% 에탄올

❸ 소독 기준 및 방법(공중위생관리법 시행규칙)

자외선소독	1cm²당 85μW이상의 자외선을 20분 이상 처리
건열멸균소독	섭씨 100℃ 이상의 건조한 열에서 20분 이상 처리
증기소독	섭씨 100℃ 이상의 습한 열에서 20분 이상 처리
열탕소독	섭씨 100℃ 이상의 물에서 10분 이상 끓임
석탄산수소독	3% 농도의 석탄산수에 10분 이상 담금
크레졸소독	3% 농도의 크레졸수에 10분 이상 담금
에탄올소독	70% 농도의 에타올수용액에 10분 이상 담금 또는 에탄올수용액을 적신 면(거즈)으로 기구 표면을 닦음

공중위생관리법

공중위생관리법

공중위생관리법 목적 및 정의

1 목적
공중이 이용하는 영업의 위생관리 등에 관한 사항을 규정함으로써 위생수준을 향상시켜 국민의 건강 증진에 기여

2 정의

공중위생영업	다수인을 대상으로 위생관리 서비스를 제공하는 영역으로 숙박업, 목욕장업, 이용업, 미용업, 세탁업, 건물위생관리업을 의미
피부미용업	의료기기나 의약품을 사용하지 아니하는 피부상태분석·피부관리·제모(除毛)·눈썹손질을 하는 영업

영업의 신고 및 폐업

영업의 신고	• 공중위생영업의 종류별로 보건복지부령이 정하는 시설 및 설비를 갖추고 시장·군수·구청장에게 신고 • 구비 서류: 영업시설 및 설비개요서, 교육수료증(미리 교육을 받은 경우에만 해당), 면허증(이용업·미용업의 경우에만 해당)
영업의 변경 신고	보건복지부령이 정하는 아래의 중요사항을 변경하고자 하는 때에도 시장·군수·구청장에게 신고해야 함 • 영업소의 명칭 또는 상호 • 영업소의 주소 • 신고한 영업장 면적의 1/3 이상의 증감 • 대표자의 성명 또는 생년월일
영업의 폐업 신고	• 공중위생 영업자는 영업을 폐업한 날로부터 20일 이내에 시장·군수·구청장에게 신고 • 면허를 소지하지 아니한 자가 상속인이 된 경우, 그 상속인은 상속받은 날로부터 3개월 이내에 폐업 신고
영업의 승계	• 양수·양도, 상속, 법인 합병의 경우 영업 승계 • 해당 영업에 필요한 면허를 소지한 자만 승계 가능 • 승계한 자는 1개월 내 시장·군수·구청장에게 신고

➤ 영업자 준수사항

❶ 미용업자 준수사항
공중위생영업자는 고객에게 건강상 위해 요인이 발생하지 아니하도록 영업 관련 시설 및 설비를 위생적이고 안전하게 관리

❷ 미용업자 위생관리 기준
- 의료기구와 의약품을 사용하지 아니하는 순수한 화장 또는 피부미용을 할 것
- 미용기구는 소독을 한 기구와 소독을 하지 아니한 기구로 구분하여 보관
- 면도기는 1회용 면도날만을 손님 1인에 한하여 사용
- 영업장 안의 조명도는 75럭스 이상을 유지
- 영업소 내부에 미용업 신고증, 개설자의 면허증 원본 게시
- 최종지급요금표(부가가치세, 재료비 및 봉사료 등일 포함된 요금표)를 영업소 안에 게시. 단, 영업장 면적이 66m² 이상인 영업소는 외부에도 요금표 게시
- 3가지 이상 서비스를 제공하는 경우 개별 서비스 가격 및 총액의 내역서를 고객에게 미리 제공하고, 해당 내역서 사본을 1개월 이상 보관

➤ 면허

면허발급 자격 기준	• 전문대학 또는 이와 같은 수준 이상의 학력이 있다고 교육부장관이 인정하는 학교에서 미용에 관한 학위를 취득한 자 • 「학점인정 등에 관한 법률」에 따라 대학 또는 전문대학을 졸업한 자와 같은 수준 이상의 학력이 있는 것으로 인정되어 같은 법 제9조에 따라 미용에 관한 학위를 취득한 자 • 고등학교 또는 이와 같은 수준의 학력이 있다고 교육부장관이 인정하는 학교에서 미용에 관한 학과를 졸업한 자 • 초·중등교육법령에 따른 특성화고등학교, 고등기술학교나 고등학교 또는 고등기술학교에 준하는 각종 학교에서 1년 이상 미용에 관한 소정의 과정을 이수한 자 • 국가기술자격법에 의한 미용사 자격을 취득한 자
면허 결격사유	• 피성년후견인 • 「정신건강증진 및 정신질환자 복지서비스 지원에 관한 법률」에 따른 정신질환자. 단, 전문의가 미용사로서 적합하다고 인정하는 사람은 제외 • 공중의 위생에 영향을 미칠 수 있는 감염병 환자(결핵)로서 보건복지부령이 정하는 자. 단, 비감염성인 경우 제외 • 마약 기타 대통령령으로 정하는 약물 중독자(대마 또는 향정신성의 약품 중독자) • 면허가 취소된 후 1년이 경과되지 아니한 자

면허 취소	• 피성년후견인, 정신질환자, 감염병자, 마약 기타 대통령령으로 정하는 약물 중독자 • 면허증을 다른 사람에게 대여한 때 •「국가기술자격법」에 따라 자격이 취소된 때 •「국가기술자격법」에 따라 자격정지 처분을 받은 때 • 이중으로 면허를 취득한 때 • 면허정지처분을 받고도 그 정지 기간 중에 업무를 한 때 •「성매매알선 등 행위의 처벌에 관한 법률」이나 「풍속영업의 규제에 관한 법률」을 위반하여 관계기관의 장으로부터 그 사실을 통보받은 때

- 업무
  ❶ 미용사의 업무범위
  미용사의 면허를 받지 아니한 자는 미용업을 개설하거나 그 업무에 종사 불가. 다만, 미용사의 지도/감독을 받아 미용 업무의 보조를 행하는 경우는 가능

  ☑ 더 알아보기

  업무의 보조범위
  • 미용 업무를 위한 사전 준비에 관한 사항
  • 미용 업무를 위한 기구·제품 등의 관리에 관한 사항
  • 영업소의 청결 유지 등 위생관리에 관한 사항
  • 그 밖에 머리감기 등 미용 업무의 보조에 관한 사항

  ❷ 미용업의 영업범위
  미용 업무는 영업소 외의 장소에서 행할 수 없으나, 보건복지부령이 정하는 아래의 특별한 사유가 있는 경우 가능
  • 질병·고령·장애나 그 밖의 사유로 영업소에 나올 수 없는 자에 대해 미용을 하는 경우
  • 혼례나 그 밖의 의식에 참여하는 자에 대해 그 의식 직전에 미용을 하는 경우
  • 사회복지시설에서 봉사활동으로 미용을 하는 경우
  • 방송 등의 촬영에 참여하는 사람에 대하여 그 촬영 직전에 미용을 하는 경우
  • 그 외 특별한 사정이 있다고 시장·군수·구청장이 인정하는 경우

▶ 행정지도감독

영업소 출입 검사	• 공중위생관리상 필요하다고 인정하는 때에는 공중위생영업자에 대하여 필요한 보고를 하게 함 • 소속 공무원으로 하여금 영업소, 사무소 등에 출입하여 공중위생영업자의 위생관리의무 이행 등에 대하여 검사하게 하거나 필요에 따라 공중위생영업장 서류를 열람
영업 제한	공익상 또는 선량한 풍속을 유지하기 위하여 필요하다고 인정하는 때에는 공중위생영업자 및 종사원에 대하여 영업시간 및 영업행위에 관한 필요한 제한을 할 수 있음(시·도지사의 권한)

영업소 폐쇄	시장·군수·구청장은 미용업자가 아래의 사항을 위반하면 6개월 이내의 기간을 정하여 영업의 정지 또는 일부 시설의 사용중지 및 폐쇄를 명할 수 있음 • 영업신고를 하지 아니하거나 시설과 설비기준을 위반한 경우 • 변경신고나 지위승계신고를 하지 아니한 경우 • 위생관리의무 등을 지키지 아니한 경우 • 영업소 외의 장소에서 미용 업무를 한 경우 • 관계 공무원의 출입, 검사 또는 공중위생영업 장부 또는 서류의 열람을 거부, 방해하거나 기피한 경우 • 「성매매알선 등 행위의 처벌에 관한 법률」, 「풍속영업의 규제에 관한 법률」, 「청소년 보호법」, 「아동·청소년의 성보호에 관한 법률」 또는 「의료법」을 위반하여 관계 행정 기관의 장으로부터 그 사실을 통보받은 경우
영업소 폐쇄 명령 위반 시 조치사항	• 해당 영업소의 간판, 기타 영업표지물의 제거 • 해당 영업소가 위법한 영업소임을 알리는 게시물 등의 부착 • 영업을 위하여 필수불가결한 기구 또는 시설물을 사용할 수 없게 하는 봉인

공중위생감시원 임명(시·도지사, 시장·군수·구청장 권한)

자격	• 위생사 또는 환경기사 2급 이상의 자격증이 있는 사람 • 「고등교육법」에 따른 대학에서 화학, 화공학, 환경공학 또는 위생학 분야를 전공하고 졸업한 사람 또는 법령에 따라 이와 같은 수준 이상의 학력이 있다고 인정되는 사람 • 외국에서 위생사 또는 환경기사의 면허를 받은 사람 • 1년 이상 공중위생 행정에 종사한 경력이 있는 사람
업무범위	• 공중위생영업 관련 시설 및 설비의 위생상태 확인, 검사, 위생관리의무 및 영업자 준수사항 이행 여부 확인 • 위생지도 및 개선명령 이행여부의 확인 • 영업의 정지, 일부 시설의 사용중지 또는 영업소 폐쇄명령 이행여부의 확인 • 위생교육 이행여부의 확인

명예공중위생감시원 임명(시·도지사 권한)

자격	• 공중위생에 대한 지식과 관심이 있는 자 • 소비자단체, 공중위생관련 협회 또는 단체의 직원 중에서 당해 단체 등의 장이 추천하는 자
업무	• 공중위생감시원이 행하는 검사대상물의 수거 지원 • 법령 위반행위 시에 대한 신고 및 자료 제공 • 공중위생에 관한 홍보·계몽 등 공중위생관리업무와 관련하여 시·도지사가 따로 정하여 부여하는 업무

업소 위생 등급

① 위생서비스 평가
- 시·도지사가 위생서비스 평가 계획 수립
- 시장·군수·구청장은 수립된 계획에 따라 평가
- 시장·군수·구청장이 인정하는 경우 관련 기관에서 평가 실시

② 위생서비스 수준의 평가 주기
- 2년 마다 실시

③ 위생등급
- 위생관리등급의 구분

최우수업소	녹색등급
우수업소	황색등급
일반관리대상 업소	백색등급

- 위생관리등급의 공표
  - 시장·군수·구청장은 위생서비스 평가결과에 따른 위생관리등급을 해당 공중위생영업자에게 통보하고 이를 공표
  - 공중위생영업자는 위생관리등급의 표지를 영업소의 명칭과 함께 영업소의 출입구에 부착 가능

④ 위생 감시(시·도지사, 시장·군수·구청장)
- 시·도지사 또는 시장·군수·구청장은 위생서비스의 평가결과에 따른 위생관리등급별로 영업소에 대한 위생 감시를 실시
- 영업소에 대한 출입검사와 위생감시의 실시주기 및 횟수 등 위생관리등급별 위생 감시 기준은 보건복지부령으로 정함

위생교육

① 영업자 위생교육
- 영업자는 매년 3시간 필수 교육
- 새로 영업신고 하려면 위생교육 사전 이수 필수

☑️ 더 알아보기

영업 개시 후 6개월 내 교육이 인정되는 경우
- 천재지변, 본인의 질병·사고, 업무상 국외 출장 등의 사유로 교육을 받을 수 없는 경우
- 교육을 실시하는 단체의 사정 등으로 미리 교육을 받기 불가능한 경우

- 교육 내용
  - 공중위생관리법 및 관련법규
  - 소양교육(친절 및 청결에 관한 사항 포함)
  - 기술교육
  - 그 밖의 공중위생에 관하여 필요한 내용
- 교육 대체 사유와 면제 사유

교육 대체 사유	위생교육 대상자 중 도서 벽지 지역에서 영업을 하고 있거나 하려는 자에 대하여는 교육교재를 배부하여 이를 익히고 활용함으로써 교육에 갈음
교육 면제 사유	위생교육을 받은 날로부터 2년 이내에 위생교육을 받은 업종과 같은 업종의 영업을 하려는 경우에는 해당 영업에 대한 위생교육을 받은 것으로 갈음

❷ 위생교육기관
- 위생교육기관 자격: 보건복지부 장관이 허가한 단체 또는 공중위생업자 단체
- 위생교육기관의 의무
  - 위생교육 실시 단체의 장은 수료증을 교부
  - 교육 후 1개월 이내 시장·군수·구청장에게 통보
  - 수료증, 교부대장 등 교육에 관한 기록은 2년 이상 보관·관리
  - 교육교재를 편찬하여 교육 대상자에게 제공

벌칙과 과태료

❶ 위반자에 대한 벌칙(징역 또는 벌금)과 과징금

1년 이하의 징역 또는 1천만 원 이하의 벌금	• 공중위생영업의 신고를 하지 아니하고 영업한 자 • 영업소 폐쇄 명령을 받고도 계속해서 영업한 자 • 영업정지, 일부 시설의 사용 중지 명령을 받고도 그 기간 중 영업하거나 그 시설을 사용한 자
6개월 이하의 징역 또는 500만 원 이하의 벌금	• 공중위생영업의 변경 신고를 하지 않은 자 • 공중위생영업의 지위를 승계한 자로서 신고(1월 이내)를 아니한 자 • 건전한 영업 질서를 위하여 준수해야 할 사항을 준수하지 아니한 자
300만 원 이하의 벌금	• 이용사 면허를 빌려주거나 빌린 사람 • 면허의 취소 또는 정지 중 미용업을 한 사람 • 면허를 받지 아니하고 미용업을 개설하거나 그 업무에 종사한 사람
과징금 처분	• 영업정지 처분에 갈음하여 1억 원 이하의 과징금을 부과 • 통지받은 날로부터 20일 이내에 과징금을 납부 • 과징금 부과 권한은 시장·군수·구청장에게 있음 • 과징금 징수 절차는 보건복지부령으로 정함

❷ 과태료 규정 및 처분

과태료 부과	보건복지부장관 또는 시장, 군수, 구청장이 부과·징수
300만 원 이하의 과태료	• 관계 공무원의 출입·검사 그 밖의 조치를 거부·방해 또는 기피한 경우 • 미용 시설 및 설비 개선 명령을 위반한 경우
200만 원 이하의 과태료	• 미용업소의 위생관리의무를 지키지 않은 경우 • 영업소 이외의 장소에서 미용 업무를 행한 경우 • 위생교육을 받지 않은 경우

❸ 양벌규정

법인의 대표자, 법인 또는 개인의 대리인, 사용인, 그 밖의 종업원이 위반행위를 하면 행위자를 벌하는 외에 그 법인 또는 개인에게도 해당 조문의 벌금형 부과

행정처분

위반행위	행정처분기준			
	1차 위반	2차 위반	3차 위반	4차 이상 위반
가. 법 제3조 제1항 전단에 따른 영업신고를 하지 않거나 시설과 설비기준을 위반한 경우				
1) 영업신고를 하지 않은 경우	영업장 폐쇄명령			
2) 시설 및 설비기준을 위반한 경우	개선명령	영업정지 15일	영업정지 1월	영업장 폐쇄명령
나. 법 제3조 제1항 후단에 따른 변경신고를 하지 않은 경우				
1) 신고를 하지 않고 영업소의 명칭 및 상호 또는 영업장 면적의 3분의 1 이상을 변경한 경우	경고 또는 개선명령	영업정지 15일	영업정지 1월	영업장 폐쇄명령
2) 신고를 하지 않고 영업소의 소재지를 변경한 경우	영업정지 1월	영업정지 2월	영업장 폐쇄명령	
다. 법 제3조의2 제4항에 따른 지위승계신고를 하지 않은 경우	경고	영업정지 10일	영업정지 1월	영업장 폐쇄명령
라. 법 제4조에 따른 공중위생영업자의 준수사항을 지키지 않은 경우				
1) 소독을 한 기구와 소독을 하지 않은 기구를 각각 다른 용기에 넣어 보관하지 아니하거나 1회용 면도날을 2인 이상의 손님에게 사용한 경우	경고	영업정지 5일	영업정지 10일	영업장 폐쇄명령
2) 이·미용업 신고증 및 면허증 원본을 게시하지 않거나 업소 내 조명도를 준수하지 않은 경우	경고 또는 개선명령	영업정지 5일	영업정지 10일	영업장 폐쇄명령

3) 별표4 제4호 자목 전단을 위반하여 개별 이용 서비스의 최종 지급가격 및 전체 이용서비스의 총액에 관한 내역서를 이용자에게 미리 제공하지 않은 경우	경고	영업정지 5일	영업정지 10일	영업정지 1월
마. 법 제5조를 위반하여 카메라나 기계장치를 설치한 경우	영업정지 1월	영업정지 2월	영업장 폐쇄명령	
바. 법 제7조 제1항 각 호의 어느 하나에 해당하는 면허 정지 및 면허 취소 사유에 해당하는 경우				
1) 법 제6조 제2항 제1호부터 제4호까지에 해당하게 된 경우	면허취소			
2) 면허증을 다른 사람에게 대여한 경우	면허정지 3월	면허정지 6월	면허취소	
3) 「국가기술자격법」에 따라 자격이 취소된 경우	면허취소			
4) 「국가기술자격법」에 따라 자격정지처분을 받은 경우(「국가기술자격법」에 따른 자격정지처분 기간에 한정한다)	면허정지			
5) 이중으로 면허를 취득한 경우(나중에 발급받은 면허를 말한다)	면허취소			
6) 면허정지처분을 받고도 그 정지 기간 중 업무를 한 경우	면허취소			
사. 법 제8조 제2항을 위반하여 영업소 외의 장소에서 이·미용 업무를 한 경우	영업정지 1월	영업정지 2월	영업장 폐쇄명령	
아. 법 제9조에 따른 보고를 하지 않거나 거짓으로 보고한 경우 또는 관계 공무원의 출입, 검사 또는 공중위생영업 장부 또는 서류의 열람을 거부·방해하거나 기피한 경우	영업정지 10일	영업정지 20일	영업정지 1월	영업장 폐쇄명령
자. 법 제10조에 따른 개선명령을 이행하지 않은 경우	경고	영업정지 10일	영업정지 1월	영업장 폐쇄명령
차. 「성매매알선 등 행위의 처벌에 관한 법률」, 「풍속영업의 규제에 관한 법률」, 「청소년 보호법」, 「아동·청소년의 성보호에 관한 법률」 또는 「의료법」을 위반하여 관계 행정기관의 장으로부터 그 사실을 통보받은 경우				
1) 손님에게 성매매알선 등 행위 또는 음란행위를 하게 하거나 이를 알선 또는 제공한 경우				
가) 영업소	영업정지 3월	영업장 폐쇄명령		

나) 이·미용사	면허정지 3월	면허취소		
2) 손님에게 도박 그 밖에 사행행위를 하게 한 경우	영업정지 1월	영업정지 2월	영업장 폐쇄명령	
3) 음란한 물건을 관람·열람하게 하거나 진열 또는 보관한 경우	경고	영업정지 15일	영업정지 1월	영업장 폐쇄명령
4) 무자격안마사로 하여금 안마사의 업무에 관한 행위를 하게 한 경우	영업정지 1월	영업정지 2월	영업장 폐쇄명령	
카. 영업정지처분을 받고도 그 영업정지 기간에 영업을 한 경우	영업장 폐쇄명령			
타. 공중위생영업자가 정당한 사유 없이 6개월 이상 계속 휴업하는 경우	영업장 폐쇄명령			
파. 공중위생영업자가 「부가가치세법」 제8조에 따라 관할 세무서장에게 폐업신고를 하거나 관할 세무서장이 사업자 등록을 말소한 경우	영업장 폐쇄명령			
하. 공중위생영업자가 영업을 하지 않기 위하여 영업시설의 전부를 철거한 경우	영업장 폐쇄명령			

PART

02

8개년
CBT 기출복원문제
(2018년~2025년)

제1회 CBT 기출복원문제

★★★
01

소독의 목적에 대한 설명으로 옳은 것은?

① 병원체를 모두 제거하여 무균 상태로 만든다.
② 병원체의 일부를 사멸시켜 감염 가능성을 줄인다.
③ 병원체의 활동을 촉진한다.
④ 오염된 기구를 재사용 가능하게 만든다.

> 소독은 멸균과 달리 병원체를 "감염되지 않을 정도로"만 감소시키는 것이다.

★★
02

세균의 증식에 영향을 주는 조건으로 틀린 것은?

① 온도
② 수분
③ 산소
④ 진동

> 진동은 세균 증식에 큰 영향을 주지 않으며, 온도·수분·산소가 주요 조건이다.

★★★
03

피부의 표피층 중 각질형성세포가 존재하는 곳은?

① 기저층
② 유극층
③ 과립층
④ 각질층

> 각질형성세포는 주로 유극층에서 활성적으로 존재하여 각질층을 형성한다.

★
04

다음 중 감각기능이 가장 발달한 피부 부위는?

① 손바닥
② 등
③ 허벅지
④ 종아리

> 손바닥은 촉각수용기가 밀집되어 있어 감각이 매우 예민하다.

★★★
05

피지선의 기능으로 맞는 것은?

① 땀을 분비하여 체온을 조절한다.
② 지방을 분비하여 피부를 유연하게 한다.
③ 각질을 제거한다.
④ 진피를 두껍게 만든다.

> 피지선은 피지를 분비하여 피부를 부드럽게 하고 수분 증발을 방지한다.

★★
06

근육의 수축에 직접적인 에너지를 제공하는 물질은?

① ATP
② 단백질
③ 젖산
④ 글리코겐

> 근육 수축 시 ATP가 직접 에너지원으로 사용된다.

★★★ 07

림프의 주요 기능이 아닌 것은?

① 노폐물 운반
② 면역 작용
③ 산소 운반
④ 체액 조절

> 산소는 혈액의 적혈구가 운반하며, 림프는 면역·노폐물 배출 기능을 담당한다.

★★ 08

피부미용기기의 고주파기 사용 시 주의사항으로 옳은 것은?

① 젖은 손으로 접촉한다.
② 고객에게 금속 장신구를 착용하게 한다.
③ 절연을 철저히 한다.
④ 피로 시 사용하는 것이 좋다.

> 고주파는 전류를 사용하므로 절연이 필수적이다.

★★★ 09

갈바닉 이온토 요법의 목적은?

① 혈액순환 촉진
② 모공 청결 및 유효성분 침투
③ 각질 제거
④ 림프순환 촉진

> 갈바닉은 이온 작용으로 피부 내 유효성분 침투 및 노폐물 제거에 도움을 준다.

★★★ 10

초음파기기의 주된 효과는?

① 각질 제거
② 진피층 마사지
③ 멜라닌 합성
④ 피지 분비 억제

> 초음파는 진동 효과로 진피층까지 미세마사지 효과를 준다.

★★ 11

화장품의 기본 구성성분 중 가장 많은 비율을 차지하는 것은?

① 향료
② 유화제
③ 물
④ 방부제

> 대부분의 화장품은 60~80% 이상이 물로 구성된다.

★★★ 12

다음 중 계면활성제의 기능이 아닌 것은?

① 세정
② 유화
③ 점증
④ 산화

> 계면활성제는 세정·유화·점증 작용을 하지만 산화 기능은 없다.

★★★
13

자외선차단제의 SPF는 주로 어떤 자외선 차단 정도를 나타내는가?

① UVA
② UVB
③ UVC
④ 적외선

> SPF는 UVB 차단 지수를 나타내며, PA는 UVA 차단 지수를 나타낸다.

★★
14

공중위생에서 "살균"의 정의로 옳은 것은?

① 병원체를 일부 사멸시킨다.
② 모든 미생물을 사멸시킨다.
③ 감염병을 예방한다.
④ 물리적 세척을 의미한다.

> 살균은 미생물의 완전한 사멸을 의미한다.

★★★
15

위생관리에서 손소독 시 권장되는 알코올 농도는?

① 40~50%
② 60~70%
③ 80~90%
④ 30% 이하

> 60~70% 에탄올이 단백질 변성을 가장 효율적으로 유도한다.

★★★
16

감염병 예방의 3대 요소에 해당하지 않는 것은?

① 병원체
② 감염 경로
③ 숙주
④ 체온

> 감염병 발생에는 병원체·감염경로·숙주가 필수 요소이다.

★★
17

멸균이 필요한 기구로 알맞은 것은?

① 핀셋
② 타월
③ 헤어캡
④ 면봉

> 피부에 직접 접촉하거나 혈액이 묻을 수 있는 금속 기구는 멸균해야 한다.

★★★
18

표피층 중 세포분열이 일어나는 곳은?

① 각질층
② 과립층
③ 유극층
④ 기저층

> 기저층의 기저세포가 분열하여 새로운 세포를 형성한다.

★★★
19

피부의 3대 기능으로 볼 수 없는 것은?

① 보호 기능
② 분비 기능
③ 감각 기능
④ 소화 기능

> 피부는 소화 기능이 없으며 보호 · 분비 · 감각 기능이 주기능
> 이다.

★★★
20

피부의 산성막(pH 4.5~6.5)의 주된 역할은?

① 세균 번식 억제
② 피지 분비 증가
③ 모공 확장
④ 색소 침착 억제

> 산성막은 외부 세균의 침입을 막는 방어막 역할을 한다.

★★★
21

진피층에 존재하지 않는 것은?

① 교원섬유
② 탄력섬유
③ 멜라닌세포
④ 모세혈관

> 멜라닌세포는 표피의 기저층에 존재한다.

★★
22

피부 노화의 주요 원인 중 외적 요인에 해당하는 것은?

① 호르몬 변화
② 자외선
③ 유전적 요인
④ 체내 대사 저하

> 자외선(UV)은 광노화의 주된 외적 요인이다.

★★
23

근육의 기시와 정지 중 움직임이 적은 쪽은?

① 기시
② 정지
③ 둘 다 같다
④ 없음

> 기시는 고정된 쪽, 정지는 움직이는 쪽에 부착된다.

★★
24

피부미용기기 중 음이온 작용으로 피지를 유화하는
것은?

① 초음파기
② 고주파기
③ 갈바닉기
④ 적외선기

> 갈바닉의 음이온(음극) 작용으로 피지가 유화되어 청결 효과를
> 준다.

★★★
25

스티머 사용 시 주의사항으로 옳지 않은 것은?

① 고객의 눈을 보호한다.
② 너무 가까이 사용하지 않는다.
③ 피부 상태에 맞게 온도를 조절한다.
④ 물이 끓기 전 증기를 쏜다.

물이 완전히 끓어 나온 수증기를 사용해야 하며, 미온 증기는 효과가 약하다.

★
26

진동기기를 이용한 관리 효과로 옳은 것은?

① 피부 온도 감소
② 근육 이완
③ 혈류 정체
④ 각질 두꺼워짐

진동은 근육을 이완시키고 혈액순환을 촉진한다.

★★
27

왁싱 시 털의 성장주기 중 제거 효과가 가장 좋은 시기는?

① 성장기
② 퇴행기
③ 휴지기
④ 탈락기

성장기에 모근이 진피에 단단히 붙어 있어 제모 효과가 높다.

★★
28

다음 중 유화 화장품에 해당하지 않는 것은?

① 로션
② 크림
③ 토너
④ 클렌징 밀크

토너는 수상기반 제품으로 유화형이 아니다.

★★
29

화장품의 방부제 역할을 하는 성분은?

① 메틸파라벤
② 글리세린
③ 비타민E
④ 향료

파라벤류는 대표적인 방부제로 사용된다.

★★★
30

천연보습인자(NMF)의 주요 구성성분이 아닌 것은?

① 아미노산
② 젖산
③ 요산
④ 염화나트륨

요산은 노폐물로 배출되며, NMF에는 포함되지 않는다.

31

화장품 표시사항으로 반드시 기재해야 하는 것은?

① 제조자명
② 소비자 전화번호
③ 모델 이름
④ 광고문구

> 법적으로 제조자명·내용량·유통기한 등은 필수 표시 항목이다.

32

공중위생관리법상 '영업자 준수사항'으로 옳지 않은 것은?

① 작업복을 착용한다.
② 기구를 항상 청결히 유지한다.
③ 허가 없이 업종을 변경할 수 있다.
④ 감염병자가 근무하지 않도록 한다.

> 업종 변경 시 반드시 허가를 받아야 한다.

33

소독제 중 포르말린의 특징으로 옳은 것은?

① 휘발성이 높고 독성이 없다.
② 단백질 변성 작용이 있다.
③ 산화 작용으로 세균을 제거한다.
④ 금속기구에 적합하다.

> 포르말린은 단백질을 응고시켜 살균하지만 독성이 강하므로 환기가 필요하다.

34

혈액순환을 촉진하는 마사지 효과는?

① 진정
② 흡수 촉진
③ 생리적 자극
④ 기계적 자극

> 생리적 자극 효과로 모세혈관이 확장되어 혈류가 증가한다.

35

지방층이 가장 두꺼운 부위는?

① 손등
② 복부
③ 이마
④ 팔뚝

> 복부는 피하조직의 지방층이 가장 두껍다.

36

모공의 개폐 작용과 가장 관련이 깊은 것은?

① 피지 분비량
② 온도 자극
③ 색소 침착
④ 각질층 두께

> 열 자극은 모공 확장, 냉 자극은 수축을 일으킨다.

⭐⭐ 37

신경계 중 자율신경계에 속하는 것은?

① 운동신경
② 감각신경
③ **교감신경**
④ 척수신경

> 교감 · 부교감신경은 자율신경계에 속한다.

⭐⭐⭐ 38

진피층 구성 성분 중 피부 탄력에 관여하는 것은?

① 케라틴
② **콜라겐**
③ 멜라닌
④ 케라토하이알린

> 콜라겐 섬유는 진피의 탄력을 유지하는 주요 단백질이다.

⭐⭐ 39

산성화장품 사용 시 주의할 피부 타입은?

① 건성
② 중성
③ **민감성**
④ 지성

> 산성 제품은 자극이 강할 수 있어 민감성 피부에는 주의가 필요하다.

⭐ 40

보습제를 사용할 때 가장 효과적인 시기는?

① 세안 전
② **세안 직후**
③ 취침 전
④ 화장 후

> 세안 후 수분이 남아 있을 때 보습제를 발라 수분 증발을 막는 것이 효과적이다.

⭐⭐⭐ 41

림프 순환의 주요 방향은?

① 동맥 → 정맥
② **모세혈관 → 림프절 → 정맥**
③ 정맥 → 동맥
④ 림프절 → 모세혈관

> 림프는 모세혈관에서 시작해 림프절을 거쳐 정맥으로 합류한다.

⭐ 42

해면정맥동은 어느 기관과 관련이 깊은가?

① **얼굴**
② 다리
③ 복부
④ 손

> 해면정맥동은 안면 및 두부 순환과 관련이 깊으며 염증 전파 위험이 있다.

★★
43

피부 장벽 기능을 약화시키는 주요 원인은?

① 과도한 세안
② 수분 공급
③ 유분 보충
④ 보습 유지

잦은 세안은 천연 피지막을 제거하여 장벽이 약화된다.

★★
44

감염병 환자를 발견했을 때 미용업소의 조치로 옳은 것은?

① 영업 지속
② 즉시 보건소 신고
③ 환자 출입 허용
④ 소독 생략

감염병 환자 발생 시 즉시 관할 보건소에 신고해야 한다.

★★★
45

공중위생관리법상 행정처분 기준 중 위생불량 영업소에 대한 조치는?

① 과태료
② 영업정지
③ 경고
④ 형사처벌

위생상태가 불량하면 일정 기간 영업정지 처분을 받을 수 있다.

★★★
46

피지선이 분포하지 않는 부위는?

① 이마
② 코
③ 손바닥
④ 등

손바닥과 발바닥에는 피지선이 없다.

★★★
47

멜라닌 색소의 형성과 관련된 효소는?

① 트립신
② 타이로시나아제
③ 아밀라아제
④ 리파아제

타이로시나아제가 멜라닌 생성 과정에서 중요한 역할을 한다.

★★
48

여드름의 직접적 원인이 아닌 것은?

① 피지 과다
② 모공 폐쇄
③ 피지선 감소
④ 세균 번식

여드름은 피지 과다와 모공 폐쇄, 세균 번식이 원인이다.

★★ 49

피부 트러블 중 알레르기 반응으로 인한 것은?

① 주사비
② 접촉성 피부염
③ 피지과다증
④ 땀띠

> 접촉성 피부염은 알레르기나 자극 물질에 의해 발생한다.

★★★ 50

림프 마사지 시 흐름 방향으로 맞는 것은?

① 중심부 → 말단
② 말단 → 중심부
③ 위 → 아래
④ 왼쪽 → 오른쪽

> 림프 마사지는 말단에서 중심부(심부 림프절)로 한다.

★ 51

전기기기 사용 전 점검사항으로 옳지 않은 것은?

① 전원 코드 이상 여부
② 절연 상태
③ 작동 확인
④ 고객의 기분

> 전기 안전 관련 사항을 점검해야 하며, 고객의 기분은 해당 없다.

★★ 52

전기기기의 효율적인 관리법으로 틀린 것은?

① 사용 후 플러그를 뽑는다.
② 물기 있는 손으로 조작한다.
③ 청결하게 유지한다.
④ 사용 전 점검한다.

> 물기 있는 손으로 전기기기를 다루면 감전 위험이 있다.

★★★ 53

미용사(피부) 영업신고 시 관할 기관은?

① 시 · 도 교육청
② 시 · 군 · 구청
③ 경찰서
④ 보건복지부

> 미용업은 시 · 군 · 구청 위생과에 신고한다.

★★★ 54

공중위생관리법의 목적은?

① 국민의 경제 발전
② 공중의 건강 증진과 위생 향상
③ 미용업 수익 증대
④ 화장품 판매 활성화

> 국민 건강과 위생 향상이 법의 기본 목적이다.

★★
55

다음 중 비누의 세정 원리로 옳은 것은?

① 단백질 변성
② **계면활성 작용**
③ 산화 작용
④ 환원 작용

비누는 계면활성 작용으로 유분과 오염물을 제거한다.

★★
56

얼굴 근육 중 입꼬리를 올리는 근육은?

① 협근
② 소근육
③ **대관골근**
④ 구륜근

대관골근은 입꼬리를 위로 들어 올려 웃는 표정을 만든다.

★★★
57

피부 타입 중 피지가 많고 수분이 적은 상태는?

① 건성
② 중성
③ 복합성
④ **지건성**

지건성은 피지는 많으나 수분이 부족한 상태로 번들거림과 당김이 함께 있다.

★★
58

감염 예방을 위한 개인위생 수칙으로 틀린 것은?

① 손 씻기
② 마스크 착용
③ **기구 공동 사용**
④ 환기

기구는 공동 사용하지 않고 반드시 소독 후 개별 사용해야 한다.

★★★
59

법적으로 미용사 자격증 발급 기관은?

① **한국산업인력공단**
② 보건복지부
③ 시 · 도청
④ 고용노동부

국가기술자격은 한국산업인력공단에서 관리 및 발급한다.

★★★
60

영업소 내 위생관리 책임자는 누구인가?

① 손님
② 종업원
③ **영업자 본인**
④ 보건소장

영업자는 자신의 영업소 위생상태를 책임지고 관리해야 한다.

제2회 CBT 기출복원문제

★★★
01

병원체의 감염 경로 차단 방법으로 옳은 것은?

① 기구를 공동 사용한다.
② **손을 자주 씻는다.**
③ 마스크를 벗고 대화한다.
④ 상처를 방치한다.

> 손 씻기는 감염경로를 차단하는 가장 기본적인 위생관리법이다.

★★
02

다음 중 세균의 번식이 가장 활발한 온도는?

① 0℃ 이하
② **약 37℃**
③ 60℃ 이상
④ 영하 10℃

> 대부분의 병원성 세균은 인체 체온과 유사한 37℃에서 가장 잘 증식한다.

★★★
03

미생물 중 가장 저항력이 강한 형태는?

① **아포**
② 세균
③ 바이러스
④ 곰팡이

> 아포는 세균이 불리한 환경에서 생존을 위해 형성하는 저항성 형태이다.

★★★
04

피부의 표피층 중 각질세포가 탈락되는 층은?

① 과립층
② **각질층**
③ 유극층
④ 기저층

> 각질층은 노화된 각질세포가 탈락되어 새로운 세포로 교체되는 부위이다.

★★
05

피부의 수분 손실을 방지하는 주된 구조는?

① 진피
② 피하조직
③ **각질층의 지질막**
④ 혈관

> 각질층의 세포간 지질이 수분 증발을 막아주는 장벽 역할을 한다.

★★★
06

땀샘의 주요 기능으로 옳은 것은?

① 피지 분비
② **체온 조절**
③ 색소 생성
④ 피지층 형성

> 땀샘은 땀 분비를 통해 증발열로 체온을 조절하는 기능을 한다.

07

피부의 색을 결정하는 요인이 아닌 것은?

① 멜라닌
② 혈류량
③ **피지량**
④ 각질 두께

> 피부색은 멜라닌, 혈류, 각질 두께에 영향을 받으며 피지량과는 관계없다.

08

근육의 주된 구성 성분은?

① 탄수화물
② **단백질**
③ 지방
④ 수분

> 근육은 주로 단백질(미오신, 액틴 등)로 이루어져 있다.

09

혈액의 구성 성분 중 산소를 운반하는 것은?

① 백혈구
② **적혈구**
③ 혈소판
④ 혈장

> 적혈구의 헤모글로빈이 산소를 운반한다.

10

신경계 중 외부 자극을 인식하는 기능은?

① 운동신경
② **감각신경**
③ 교감신경
④ 부교감신경

> 감각신경은 외부 자극을 받아 중추신경으로 전달한다.

11

고주파기 사용 시 피부에 나타나는 주요 효과는?

① **피지 분비 감소**
② 혈액순환 저하
③ 체온 저하
④ 림프순환 억제

> 고주파의 열 효과는 피지 분비를 억제하고 살균 작용을 나타낸다.

12

갈바닉의 양극(+) 작용으로 옳은 것은?

① 살균 작용
② 피지 유화
③ **피부 진정**
④ 모공 청결

> 양극은 진정·수축 작용을 하며, 음극은 청결·유화 작용을 한다.

☆ 13

진동기기의 적용 부위로 가장 부적절한 곳은?

① 이마
② 코 옆
③ 안와 주변
④ 볼

> 안와(눈 주위)는 뼈가 얇고 예민하여 진동기 사용을 피해야 한다.

☆☆☆ 14

초음파기기의 효과 중 맞는 것은?

① 모세혈관 수축
② 피부 침투력 향상
③ 피지 분비 촉진
④ 자극 완화

> 초음파의 미세 진동은 유효성분의 피부 침투를 촉진한다.

☆☆☆ 15

스티머 사용 시 가장 알맞은 거리는?

① 약 10cm
② 약 20cm
③ 약 30cm
④ 약 50cm

> 고객 피부와 약 30cm 거리를 유지해야 화상 위험이 없다.

☆☆ 16

클렌징 밀크 사용 시 권장되는 피부 타입은?

① 지성
② 건성
③ 복합성
④ 여드름성

> 클렌징 밀크는 유분이 많아 건성 피부에 적합하다.

☆☆ 17

팩의 주요 효과가 아닌 것은?

① 피부 진정
② 수분 공급
③ 피지 제거
④ 모공 확장

> 팩은 모공을 수축시키고 영양을 공급하는 역할을 한다.

☆☆ 18

화장품 중 pH가 가장 높은 제품은?

① 크림
② 비누
③ 토너
④ 로션

> 비누는 알칼리성이 강해 pH가 높다.

★★
19

화장품의 산화방지제로 가장 많이 사용하는 것은?

① 비타민 C
② **비타민 E**
③ 파라벤
④ 알코올

> 비타민 E는 대표적인 지용성 항산화제이다.

★★★
20

천연보습인자(NMF)가 주로 존재하는 위치는?

① 진피층
② **각질층**
③ 피지선
④ 땀샘

> NMF는 각질층 내에서 수분을 유지하는 역할을 한다.

★★
21

공중위생관리법에서 '공중위생영업'에 해당하지 않는 것은?

① 숙박업
② 목욕장업
③ 미용업
④ **세탁소업**

> 세탁업은 별도의 법령으로 관리되며 공중위생영업에 포함되지 않는다.

★★★
22

위생관리에서 '소독'의 정의로 옳은 것은?

① 병원체 완전 제거
② **병원체 일부 제거**
③ 물리적 세척
④ 화학적 표백

> 소독은 병원체의 수를 감염되지 않을 정도로 줄이는 것을 의미한다.

★★
23

미용실에서 사용하는 타월의 소독 방법으로 가장 적절한 것은?

① 건열멸균
② 자외선소독
③ **세탁 후 고온건조**
④ 알코올 분사

> 타월은 세탁 후 80℃ 이상 고온건조로 소독한다.

★★
24

소독제의 효력을 높이기 위한 올바른 방법은?

① 고온에서 짧게
② 희석 비율을 임의 변경
③ **적절한 농도와 시간 유지**
④ 오염물 제거 전 사용

> 농도와 시간은 소독제의 효력을 결정하는 핵심 요소이다.

★★ 25

미용기구를 끓는 물에 15분 이상 넣어 소독하는 방법은?

① 자외선 소독
② 화학 소독
③ 끓는 물 소독
④ 건열 소독

100℃ 이상의 열을 이용하는 끓는 물 소독법이다.

★★★ 26

피부의 pH가 산성일 때 기대되는 효과는?

① 세균 증식 억제
② 각질층 약화
③ 피지 분비 촉진
④ 염증 유발

약산성(pH 4.5~6.5) 환경은 세균 증식을 억제한다.

★★ 27

림프액의 주요 구성 성분은?

① 적혈구
② 백혈구
③ 혈소판
④ 헤모글로빈

림프액에는 백혈구가 포함되어 면역 작용을 수행한다.

★★★ 28

림프 마사지의 금기사항으로 옳은 것은?

① 부종
② 여드름
③ 급성 염증
④ 건성 피부

염증이 있을 때 마사지는 염증을 악화시킬 수 있다.

★★★ 29

고주파기 사용 전 고객에게 반드시 확인해야 할 사항은?

① 향수 사용 여부
② 금속 장신구 착용 여부
③ 화장 상태
④ 수면 시간

금속 착용은 전류 전달에 영향을 주어 화상 위험이 있다.

★★★ 30

피부의 주요 구성 성분 중 탄력을 담당하는 것은?

① 멜라닌
② 케라틴
③ 콜라겐
④ 엘라스틴

엘라스틴은 탄력섬유로 피부의 신축성을 유지한다.

31 ★★

표피의 투명층에 존재하는 단백질로 빛을 굴절시켜 피부를 투명하게 보이게 하는 것은?

① 케라틴
② 엘라이딘
③ 멜라닌
④ 콜라겐

> 투명층에는 반유동성 단백질인 엘라이딘이 있어 수분 침투를 막고 빛을 굴절시킨다.

32 ★★★

진피의 구성 성분 중 교원섬유라고도 불리며 피부의 강도와 지지력을 담당하는 것은?

① 탄력섬유
② 망상섬유
③ 콜라겐
④ 지방세포

> 콜라겐은 진피의 약 70~80%를 차지하는 교원섬유로 피부에 인장 강도를 제공한다.

33 ★★★

피부학적으로 면포라고 불리며 모공 속에 피지가 쌓여 굳은 상태는?

① 여드름
② 주근깨
③ 반점
④ 구진

> 면포는 여드름의 초기 단계로 피지가 배출되지 못하고 정체된 상태를 의미한다.

34 ★★★

멜라닌 세포가 자외선으로부터 피부를 보호하기 위해 생성하는 효소는?

① 아밀라아제
② 티로시나아제
③ 리파아제
④ 프로테아제

> 티로시나아제는 아미노산인 티로신을 산화시켜 멜라닌 색소를 만드는 핵심 효소이다.

35 ★★★

갈바닉 전류의 양극을 이용한 영동법의 효과가 아닌 것은?

① 모공 수축
② 산성 반응
③ 피부 조직 연화
④ 신경 진정

> 조직 연화 및 피지 유화는 음극의 작용이다. 양극은 조직을 수축시키고 진정시킨다.

36 ★★

브러시 기기 사용 시 주의사항으로 옳은 것은?

① 염증성 여드름 피부에 강하게 사용한다.
② 모세혈관 확장증 피부에 장시간 적용한다.
③ 근육 결 방향을 따라 부드럽게 이동한다.
④ 피부가 얇은 눈가에 직접 사용한다.

> 브러시는 물리적 자극을 주로 예민하거나 염증이 있는 부위는 피하고 근육 방향을 따라야 한다.

★★ 37

진공흡입기의 주된 사용 목적은?

① 영양분 침투
② 림프 순환 촉진 및 노폐물 배출
③ 피부 온도 저하
④ 근육 강화

> 진공흡입기는 피부에 음압을 주어 혈액 및 림프 순환을 돕고 부종 완화에 효과적이다.

★★ 38

화장품 성분 중 보습제 역할을 하는 대표적인 성분이 아닌 것은?

① 글리세린
② 솔비톨
③ 프로필렌 글리콜
④ 에탄올

> 에탄올은 휘발성이 있어 피부의 수분을 증발시켜 건조하게 만들 수 있는 성분이다.

★★★ 39

노화 방지 화장품의 주성분으로 레티놀의 모체가 되는 비타민은?

① 비타민 A
② 비타민 B
③ 비타민 C
④ 비타민 E

> 레티놀은 비타민 A의 일종으로 주름 개선 및 세포 재생 효과가 탁월하다.

★★ 40

팩의 성분 중 점토 성분으로 피지 흡착력이 뛰어나 지성 피부에 적합한 성분은?

① 알로에
② 카올린
③ 콜라겐
④ 파라핀

> 카올린과 벤토나이트는 대표적인 점토 성분으로 과잉 피지와 노폐물을 흡착한다.

★ 41

다음 중 군집독의 주요 원인으로 보기 어려운 것은?

① 기온 상승
② 이산화탄소 증가
③ 산소 과포화
④ 습도 상승

> 군집독은 밀폐된 공간에서 다수인이 있을 때 이산화탄소 증가, 산소 감소 등으로 발생하는 불쾌 증상이다.

★★ 42

수질 오염의 지표 중 화학적 산소요구량을 의미하며 공장 폐수의 오염도를 측정할 때 주로 쓰이는 것은?

① BOD
② COD
③ DO
④ SS

> COD는 화학적 산소요구량으로 유기물을 화학적으로 산화할 때 필요한 산소량이다.

✲ 43

상수의 정수 과정 중 여과 단계에 대한 설명으로 옳은 것은?

① 물을 가정으로 공급하는 단계
② 모래층 등을 통과시켜 미세 물질을 걸러내는 단계
③ 염소를 넣어 세균을 죽이는 단계
④ 약품을 넣어 찌꺼기를 뭉치게 하는 단계

> 여과는 물리적으로 불순물을 걸러내는 핵심 정수 단계이다.

✲✲ 44

모자보건법상 영유아의 연령 범위는?

① 출생 후 1년 미만
② 출생 후 3년 미만
③ 출생 후 6년 미만
④ 출생 후 10년 미만

> 모자보건법에서 영유아란 출생 후 6년 미만인 사람을 말한다.

✲✲✲ 45

소독약의 살균력을 나타내는 기준이 되는 소독제는?

① 알코올
② 석탄산
③ 크레졸
④ 과산화수소

> 석탄산은 소독약의 효력을 비교하는 지수인 석탄산 계수의 기준이 된다.

✲✲✲ 46

금속제 미용 기구를 소독하기에 가장 적합한 에틸알코올의 농도는?

① 30%
② 50%
③ 70~75%
④ 100%

> 알코올은 70~75% 농도일 때 세포막 침투력이 가장 좋아 살균력이 극대화된다.

✲✲✲ 47

이·미용업소 내 조명의 조도 기준으로 옳은 것은?

① 50럭스 이상
② 100럭스 이상
③ 200럭스 이상
④ 500럭스 이상

> 공중위생관리법에 따라 이·미용업소의 조명도는 200럭스 이상을 유지해야 한다.

✲✲ 48

고객 상담 시 피부의 유분과 수분 상태를 파악하기 위해 육안으로 관찰하는 단계는?

① 문진
② 시진
③ 촉진
④ 견진

> 시진은 눈으로 피부의 상태, 색상, 모공 크기 등을 관찰하는 방법이다.

★★★ 49

딥 클렌징의 종류 중 고마쥬에 대한 설명으로 옳은 것은?

① 산 성분을 이용한다.
② 식물성 효소를 이용한다.
③ 제품을 도포한 후 문질러서 밀어낸다.
④ 강한 진동 기기를 이용한다.

> 고마쥬는 건조시킨 뒤 부드럽게 밀어내어 각질을 제거하는 물리적 딥 클렌징이다.

★★★ 50

메뉴얼 테크닉의 동작 중 손가락 끝으로 피부를 두드리는 동작은?

① 경찰법
② 고타법
③ 유연법
④ 진동법

> 고타법은 두드리기 동작으로 혈액순환 촉진과 탄력 부여에 효과적이다.

★★★ 51

마스크 중 석고 마스크의 특징은?

① 도포 후 온도가 내려가 진정 효과를 준다.
② 도포 후 온도가 올라가 영양 침투를 돕는다.
③ 떼어낼 때 물을 적셔 닦아낸다.
④ 수분이 부족한 지성 피부에는 사용을 금한다.

> 석고 마스크는 굳으면서 열이 발생하여 베이스 크림의 흡수를 돕는다.

★★★ 52

림프 드레나쥐의 기본 원칙으로 틀린 것은?

① 아주 약한 압력을 유지한다.
② 림프절 방향으로 관리한다.
③ 일정한 리듬과 속도를 유지한다.
④ 근육을 깊게 자극하는 강찰법을 사용한다.

> 림프절은 예민하므로 매우 가벼운 압력을 사용해야 하며 심부 근육 자극은 피해야 한다.

★★★ 53

화장품의 성분 중 미백 효과가 있는 고시 성분은?

① 아데노신
② 나이아신아마이드
③ 판테놀
④ 세라마이드

> 나이아신아마이드와 알부틴은 식약처 고시 미백 기능성 성분이다.

★★ 54

제모 시 주의사항으로 옳은 것은?

① 생리 기간 중에는 피부가 둔감하므로 권장한다.
② 왁스의 온도는 시술자의 손목 안쪽에 먼저 테스트한다.
③ 털이 자라는 반대 방향으로 왁스를 바른다.
④ 제모 직후에는 바로 뜨거운 사우나를 한다.

> 화상을 방지하기 위해 온도를 체크해야 하며 털은 자라는 방향으로 바르고 반대로 떼어낸다.

55

공중위생영업자가 위생교육을 받아야 하는 시간은 매년 몇 시간인가?

① 1시간
✓ 3시간
③ 6시간
④ 9시간

> 공중위생관리법에 따라 영업자는 매년 3시간의 위생교육을 이수해야 한다.

56

심장의 구조 중 전신으로 혈액을 내보내는 곳은?

① 우심방
② 우심실
③ 좌심방
✓ 좌심실

> 좌심실은 두꺼운 근육벽을 통해 산소가 풍부한 혈액을 대동맥으로 뿜어내 전신으로 보낸다.

57

자외선 소독기의 살균 작용을 하는 파장은?

① 100나노미터 이하
✓ 253.7나노미터 부근
③ 400나노미터 이상
④ 800나노미터 이상

> 자외선 중 살균력이 가장 강한 파장은 약 253.7나노미터이다.

58

피부미용에서 마무리 단계에 사용하는 화장수 중 모공 수축과 피부 긴장을 주는 것은?

① 유연 화장수
✓ 수렴 화장수
③ 세정 화장수
④ 영양 화장수

> 수렴 화장수는 일시적으로 모공을 수축시키고 피부에 긴장감을 주는 역할을 한다.

59

다음 중 피부의 부속기관이 아닌 것은?

① 모발
② 손톱
③ 피지선
✓ 기저세포

> 기저세포는 표피를 구성하는 세포이며 모발, 손발톱, 피지선, 땀샘이 피부의 부속기관이다.

60

공중위생관리법상 미용업의 정의로 옳은 것은?

① 얼굴에 분장만을 하는 영업
② 손톱과 발톱을 손질하는 영업
③ 의료기기를 사용하여 피부를 관리하는 영업
✓ 손님에게 머리 파마, 피부 관리 등을 하는 영업

> 미용업은 손님에게 머리 파마, 자르기, 피부 관리, 화장 등을 하는 서비스를 말한다.

제3회 CBT 기출복원문제

★★★
01

피부의 각질층에 대한 설명으로 옳은 것은?

① 멜라닌이 주로 합성되는 층이다.
② 세포가 활발히 분열하는 층이다.
③ 외부 자극으로부터 신체를 보호하는 층이다.
④ 모세혈관이 풍부하게 분포한 층이다.

> 각질층은 죽은 각질세포로 구성되어 외부 물리·화학적 자극과 미생물로부터 보호한다.

★★★
02

표피의 가장 깊은 층(기저층)에 있는 세포의 주요 기능은?

① 멜라닌 합성
② 세포 분열을 통해 새로운 표피세포 생성
③ 피지 분비
④ 땀 생성

> 기저층은 케라티노사이트가 분열하여 새로운 표피세포를 생성하는 곳이다.

★★★
03

진피 내에서 피부 탄력성을 주로 담당하는 성분은?

① 콜라겐
② 엘라스틴
③ 멜라닌
④ 각질

> 엘라스틴은 섬유성 단백질로 피부의 탄력을 유지하게 한다.

★★
04

피지선의 분포가 풍부한 부위는?

① 손바닥과 발바닥
② 얼굴과 두피
③ 팔뚝 외측
④ 정강이 부위

> 피지선은 얼굴, 두피, 가슴, 등 등 피지분비가 많은 부위에 집중 분포한다.

★★★
05

에크린 땀샘의 주요 기능은?

① 체취를 유발하는 땀 분비
② 체온 조절을 위한 땀 분비
③ 피지 분비
④ 모발 성장 조절

> 에크린 땀샘은 전신에 분포하며 주로 체온조절을 위한 땀을 분비한다.

★★★
06

피부의 산성 보호막(피부표면의 약산성)은 주로 무엇에 의해 형성되는가?

① 각질과 피지의 혼합물
② 멜라닌 단독
③ 진피의 콜라겐
④ 모낭의 분비물

> 피지와 땀, 각질이 섞여 피부 표면의 약산성 환경을 유지한다.

★★★
07

멜라닌 생성에 직접 관여하는 효소는?

① 아밀라아제
② **타이로시나아제**
③ 리파아제
④ 펩시나아제

> 타이로시나아제는 티로신을 산화시켜 멜라닌 생성에 관여한다.

★★★
08

UV-A가 피부에 미치는 영향으로 옳은 것은?

① 주로 표피에서만 흡수되어 일광화상을 유발한다.
② **진피까지 침투해 광노화(주름·탄력저하)를 유발한다.**
③ 살균 작용만 한다.
④ 전혀 피부에 영향을 주지 않는다.

> UV-A는 진피까지 도달하여 콜라겐·엘라스틴 손상을 통해 광노화를 촉진한다.

★★
09

피부의 체온 조절에서 혈관 확장의 역할은?

① **체온 상승 시 열 손실을 돕는다.**
② 체온 상승 시 열 보전을 돕는다.
③ 체온 저하 시 열 손실을 돕는다.
④ 체온과 무관하다.

> 혈관 확장은 피부 표면으로 혈류를 증가시켜 열 손실을 돕는다.

★★★
10

다음 중 표피층이 아닌 것은?

① 각질층
② 유극층
③ **진피층**
④ 과립층

> 진피층은 표피층 아래의 결합조직층으로 표피에 속하지 않는다.

★★★
11

여드름(아크네)의 발생과 가장 관련 깊은 것은?

① 멜라닌 과다 생성
② **피지선의 과다 분비 및 모공 폐색**
③ 땀샘의 부족
④ 표피의 과도한 수분 저장

> 피지 과다 분비와 모공의 각질·피지 축적으로 인해 여드름이 발생한다.

★★★
12

피부 노화에서 내인성 노화와 구분되는 광노화의 주된 원인은?

① 유전적 요인
② 식습관
③ **자외선 노출**
④ 호르몬 변화

> 광노화는 주로 자외선, 특히 UV-A·UV-B에 의한 피부 손상으로 발생한다.

⭐⭐ 13

각질층을 통한 물질 흡수에 가장 큰 제약을 주는 것은?

① 진피의 혈류
② 각질층의 밀착된 세포 구조
③ 피지의 존재
④ 땀의 성분

> 각질층의 단단히 결합된 세포층(장벽)이 외부 물질 침투를 제한한다.

⭐⭐ 14

피부 감각수용체 중 미세한 접촉(촉감)을 감지하는 것은?

① 파치니소체
② 마이스너소체
③ 루피니소체
④ 자유신경종말

> 마이스너소체는 민감한 촉각 수용체로 가벼운 접촉을 감지한다.

⭐⭐ 15

화장품의 보존제 사용 목적은?

① 색상을 좋게 하기 위해
② 미생물 오염을 방지하여 제품 안전성 유지
③ 향을 추가하기 위해
④ 점도를 높이기 위해

> 보존제는 제품 내 미생물 증식을 억제하여 변질을 방지한다.

⭐⭐ 16

건성 피부의 특징으로 옳지 않은 것은?

① 유분이 적어 건조감이 있다.
② 각질층이 두꺼워 보일 수 있다.
③ 피지 분비가 과다하다.
④ 잔주름이 잘 생긴다.

> 건성 피부는 피지 분비가 적어 건조하고 잔주름이 생기기 쉽다.

⭐⭐⭐ 17

피부 소독 시 가장 흔히 사용하는 소독제는?

① 식염수
② 에탄올(소독용 알코올)
③ 물
④ 피지

> 에탄올은 광범위한 항균 작용으로 피부 소독에 널리 사용된다.

⭐⭐ 18

색소침착 치료에서 멜라닌 합성을 억제하는 작용을 하는 성분은?

① 레티놀
② 글루코사미노글리칸
③ 하이드로퀴논 또는 코직산
④ 히알루론산

> 하이드로퀴논, 코직산 등은 타이로시나아제 억제를 통해 멜라닌 합성을 줄인다.

19

아포크린 땀샘의 특징으로 옳은 것은?

① 전신에 균일하게 분포한다.
② 냄새를 유발하는 땀을 분비한다.
③ 체온 조절에 주된 역할을 한다.
④ 손바닥에 가장 많다.

> 아포크린 땀샘은 겨드랑이 등 특정 부위에 위치하며 냄새 유발 물질을 분비한다.

20

피부 자극 테스트에서 접촉성 피부염이 주로 나타나는 반응 형태는?

① 전신 발진
② 국소적 홍반, 부종, 수포
③ 탈모
④ 손톱 변형

> 접촉성 피부염은 자극물과 접촉한 부위에 국한된 염증 반응(홍반·부종·수포)을 보인다.

21

멜라닌 과다침착(과색소침착)의 대표적 원인으로 보기 어려운 것은?

① 외상 후 색소침착
② 임신으로 인한 호르몬 변화
③ 비타민 D 과다 섭취
④ 자외선 노출

> 비타민 D 과다는 멜라닌 과다침착과 직접적 관련이 없다.

22

피부 장벽 기능을 유지하는 주요 지질 성분이 아닌 것은?

① 세라마이드
② 콜레스테롤
③ 지방산
④ 멜라닌

> 세라마이드·콜레스테롤·지방산은 각질층의 지질층 구성성분으로 장벽을 유지한다.

23

레티노이드(레티놀 등)의 피부 작용으로 옳은 것은?

① 멜라닌 합성을 증가시켜 피부 착색을 유도한다.
② 각질세포 분화와 진피 콜라겐 합성을 촉진하여 주름 개선과 피부 질 개선에 도움을 준다.
③ 모공을 막아 피지 배출을 억제한다.
④ 단순히 피부 수분 공급만 담당한다.

> 레티노이드는 표피 세포 교체를 촉진하고 진피 섬유아세포의 콜라겐 합성을 유도하여 피부 탄력과 주름 개선에 효과적이다.

24

여드름 치료에서 과산화벤조일의 주요 작용으로 옳은 것은?

① 멜라닌 생성 억제를 통해 피부 톤을 밝게 한다.
② 항균 작용으로 여드름균의 증식을 억제한다.
③ 피지 분비를 촉진하여 모공을 확장한다.
④ 국소 혈관을 확장시켜 염증을 악화시킨다.

> 과산화벤조일은 산화 작용으로 여드름균을 제거하고 항염 효과를 나타내어 여드름 병변 개선에 도움을 준다.

★★ 25

피부 박리(필링) 시 주의해야 할 점으로 옳지 않은 것은?

① 시술 후 자외선 차단을 철저히 해야 한다.
✔ **시술 전후 보습 관리는 필요 없다.**
③ 과도한 필링은 색소침착을 유발할 수 있다.
④ 감염 예방을 위해 청결 관리가 필요하다.

> 필링 후에는 피부 장벽이 손상되므로 보습과 자외선 차단, 감염 예방이 중요하다.

★★ 26

로션, 에멀전, 크림 중 보습력이 가장 높은 제형은?

① 로션
② 에멀전
③ **크림**
④ 모두 동일하다

> 크림은 유상 성분 비율이 높아 보습력이 높다.

★★ 27

항산화제 성분으로 피부 산화 스트레스를 줄이는 대표적 성분은?

✔ **비타민 C**
② 살리실산
③ 글리콜산
④ 소듐라우릴설페이트

> 비타민 C는 활성산소를 제거하고 콜라겐 합성을 도와 항산화 효과가 있다.

★★ 28

지성(지복합) 피부를 관리할 때 기본적인 관리법으로 옳은 것은?

✔ **세안과 클렌징을 꾸준히 하여 과도한 피지를 제거한다.**
② 하루에 여러 번 강한 세정제로 문지른다.
③ 유분층을 완전히 제거해 항상 건조하게 유지한다.
④ 절대 보습제를 사용하지 않는다.

> 적절한 세정으로 과도한 피지를 제거하되, 지나친 세정은 오히려 피지 분비를 자극하므로 부드러운 관리가 필요하다.

★★★ 29

화장품의 SPF 지수는 무엇을 의미하는가?

① 자외선 A 차단 정도
✔ **자외선 B에 대한 차단 지속시간(또는 차단 효능)을 상대적으로 표시**
③ 제품의 보습력 지수
④ 제품의 산도(pH) 지수

> SPF는 주로 UV-B 차단 효능과 관련된 지수로, 표준 조건에서 차단 지속시간을 나타낸다.

★★ 30

화학적 자외선 차단제(유기자외선차단제)의 작용 원리는?

① 자외선을 반사시킨다.
✔ **자외선을 흡수하여 열로 변환시킨다.**
③ 자외선을 통과시킨다.
④ 피부 표면을 코팅해 물리적으로 차단한다.

> 유기(화학) 자외선 차단제는 자외선을 흡수해 화학적으로 분해·열로 방출한다.

★★★ 31

물리적(무기) 자외선 차단제의 대표적 성분은?

① 티타늄디옥사이드, 징크옥사이드
② 아스코르빈산
③ 글리콜산
④ 살리실산

> 티타늄디옥사이드와 징크옥사이드는 자외선을 반사·산란시켜 차단하는 물리적 차단제다.

★★ 32

건성 피부에 적합한 클렌징 제품 선택 기준으로 옳은 것은?

① 강한 계면활성제로 자주 세정하는 제품
② 저자극, 보습 성분 함유 제품
③ 알코올 함유 제품을 반복 사용
④ 각질 제거제를 매일 사용

> 건성 피부는 장벽이 약하므로 저자극 클렌저와 보습 성분이 포함된 제품이 적합하다.

★★★ 33

표피의 각질세포(케라티노사이트)가 생성하는 주요 단백질은?

① 콜라겐
② 엘라스틴
③ 케라틴
④ 멜라닌

> 표피세포는 케라틴을 주로 합성하여 각질층을 형성한다.

★ 34

혈관 확장으로 인한 일시적인 홍조가 흔한 피부 상태는?

① 지루성 피부염
② 주사(rosacea)
③ 건선
④ 한포진

> 주사는 혈관 반응성 증가로 얼굴 중심부의 반복적 홍조·모세혈관 확장을 보인다.

★★ 35

보습제(모이스처라이저)의 주요 작용 기전이 아닌 것은?

① 수분 증발을 막아 피부 수분 유지
② 피부 표면에 수분을 공급
③ 진피의 콜라겐을 즉시 재생
④ 각질층의 유연성 향상

> 보습제는 표피 수분 유지와 각질층 개선에 도움되나 즉각적으로 진피의 콜라겐을 재생하지는 않는다.

★ 36

국소적으로 사용되는 스테로이드 제제의 과다 사용 시 나타날 수 있는 부작용이 아닌 것은?

① 피부 위축
② 혈관 확장 및 모세혈관 확장
③ 색소침착
④ 전신적 골격근 증가

> 스테로이드의 국소 과다 사용은 피부 위축, 혈관 확장, 색소 변화 등을 초래할 수 있으나 골격근 증가와는 무관하다.

37

모공 확장(오픈포어)의 주요 원인으로 옳은 것은?

① **노화로 인한 피부 탄력 저하와 피지 과다**
② 비타민C 과다 섭취
③ 수면 부족과 무관
④ 손톱 관리 불량

> 피부 탄력 저하와 피지 과다 분비가 결합하면 모공이 확장되어 보일 수 있다.

38

살리실산(베타하이드록시산)의 피부작용으로 옳은 것은?

① **지용성으로 모공 내 피지·각질을 용해하여 각질 제거 효과가 있다.**
② 멜라닌 직접 억제 작용을 한다.
③ 피부 보습 기능이 주된 역할이다.
④ 항바이러스 작용이 주 목적이다.

> 살리실산은 지용성으로 모공 깊숙한 각질·피지를 용해해 필링·각질 제거에 효과적이다.

39

색소질환인 기미(멜라스마)의 악화 요인으로 가장 관련이 적은 것은?

① 자외선 노출
② 호르몬 변화(임신, 경구피임약)
③ 잘못된 필링·자극
④ **수면 시간의 증가**

> 수면 시간 증가 자체는 기미 악화와 직접 관련이 없으며, 자외선·호르몬·자극이 주요 요인이다.

40

표피의 수분 유지에 핵심 역할을 하는 천연보습인자(NMF)의 주요 성분이 아닌 것은?

① 아미노산
② 락틱산
③ 무기염류
④ **콜라겐**

> NMF는 아미노산·유기산·무기염류 등으로 구성되며, 콜라겐은 진피 성분이다.

41

피부의 미세주름(표정주름)이 생기는 주요 원인은?

① 표피의 즉각적 수분 과다
② **진피의 콜라겐·엘라스틴 감소와 반복적 표정근 수축**
③ 혈관 확장만으로 발생
④ 손톱의 길이

> 진피 구조물 손상과 반복적 표정근의 작용이 주름 생성에 기여한다.

42

피부장벽 회복을 돕는 성분으로 적절한 것은?

① **세라마이드, 콜레스테롤, 지방산**
② 살리실산, 글리콜산
③ 벤조일퍼옥사이드
④ 과산화수소

> 세라마이드·콜레스테롤·지방산은 각질층 지질 구성요소로 장벽 복구에 필수적이다.

43

화학적 박피(필링) 시 주로 사용되는 AHA(알파하이드록시산)의 대표 성분은?

① 글리콜산, 락틱산
② 살리실산, 벤조일퍼옥사이드
③ 티타늄디옥사이드
④ 징크옥사이드

> 글리콜산과 락틱산은 표피의 각질 결합을 완화시켜 박리를 유도한다.

44

알레르기성 접촉피부염의 진단에서 유용한 검사법은?

① 문진만으로 확진 가능
② 패치테스트(접촉피부반응 검사)
③ 혈당 검사
④ 소변 검사

> 패치테스트는 특정 물질에 대한 지연형 과민반응을 확인하는 표준 검사다.

45

지루성 피부염의 발생과 관련된 미생물은?

① 헤르페스 바이러스
② 말라세지아 효모
③ 포도상구균
④ 결핵균

> 지루성 피부염은 말라세지아 효모가 과도하게 증식할 때 피부 염증과 비듬, 홍반 등 증상을 악화시킨다.

46

비타민 D의 피부내 합성에 필수적인 광원은?

① 가시광선
② 자외선 B(UV-B)
③ 적외선
④ 전자레인지 파장

> 자외선 B는 피부에서 콜레칼시페롤 전구체의 변환을 촉진하여 비타민 D 합성에 관여한다.

47

모낭주위염(모낭염) 치료 시 권장되는 일반적 방법이 아닌 것은?

① 국소 항생제 사용
② 청결 유지 및 항균 세정
③ 고온의 뜨거운 압박을 반복 적용
④ 심한 경우 경구 항생제 투여

> 과도한 열 자극은 염증을 악화시킬 수 있으므로 뜨거운 압박은 권장되지 않는다.

48

피부의 pH가 알칼리성으로 치우치면 발생하기 쉬운 문제는?

① 세균 증식 증가 및 장벽 손상
② 멜라닌이 감소하여 백반증 유발
③ 즉각적인 주름 개선
④ 모발 굵기 증가

> 피부가 알칼리화되면 보호막이 손상되어 미생물 증식·자극에 취약해진다.

★★★ 49

프로페셔널 클렌징 시 블랙헤드(면포)를 제거할 때 주의할 점으로 옳은 것은?

✔ 무리한 압출로 피부 손상과 색소침착을 유발하지 않도록 한다.
② 강한 압력을 지속적으로 가해도 상관없다.
③ 아무런 소독 없이 바로 압출한다.
④ 압출 후 자외선 차단은 필요 없다.

> 과도한 압출은 색소침착 · 염증 · 흉터를 유발하므로 부드럽고 청결한 방법으로 시행해야 한다.

★★ 50

레이저 제모의 원리는 주로 무엇을 이용하는가?

① 표피 물리적 박리
✔ 모발의 멜라닌에 선택적으로 흡수되는 빛에너지로 모낭 파괴
③ 혈액 응고를 통한 제모
④ 피지선 파괴

> 레이저 빛은 모발 멜라닌에 흡수되어 열로 전환되어 모낭을 선택적으로 손상시킨다.

★★ 51

남성형 탈모(안드로겐성 탈모)의 주요 기전은?

① 비타민 과다
✔ 디하이드로테스토스테론에 의한 모낭 소형화
③ 과도한 수분 섭취
④ 표피 멜라닌 감소

> 디하이드로테스토스테론이 모낭 수용체에 작용하면 모낭이 점차 축소되고, 모발이 가늘어지며 탈모가 진행된다.

★★★ 52

트리클로산과 같은 항균 성분 사용 시 주의점으로 옳은 것은?

✔ 남용 시 미생물 내성을 유발할 수 있어 주의해야 한다.
② 아무 문제 없이 무한정 사용해도 된다.
③ 피부 보습을 증가시키는 성분이다.
④ 자외선 차단제로 사용된다.

> 일부 항균 성분은 과도하게 사용하면 미생물 내성을 유발할 수 있으므로, 적절한 사용이 필요하다.

★★ 53

피부 미백제 사용 시 레티놀 또는 AHA 사용과 병용할 때 주의할 점은?

✔ 자외선 감수성 증가로 자외선 차단을 철저히 해야 한다.
② 병용 시 전혀 부작용이 없다.
③ 멜라닌 합성이 즉시 억제된다.
④ 수분 보충이 필요 없어진다.

> 레티놀 · AHA 등은 각질 탈락을 촉진하고 피부를 민감하게 하므로 자외선 차단이 반드시 필요하다.

★★★ 54

피부 장벽 손상 시 가장 먼저 나타나는 증상은?

① 멜라닌 생성 증가
✔ 수분 손실과 건조
③ 피지 과다 분비
④ 땀 분비 증가

> 피부 장벽이 손상되면 각질층의 수분 보유력이 떨어져 피부 건조와 수분 손실이 먼저 나타난다.

★★★
55

자외선 차단제 사용 시 권장되는 바른 사용법으로 옳은 것은?

① 외출 직전에 1회 도포하면 충분하다.
② **사용량을 충분히 바르고 2~3시간마다 재도포가 필요할 수 있다.**
③ 밤에만 사용한다.
④ 물에 들어가도 재도포가 필요 없다.

> 자외선 차단제는 충분량 바르고 활동·땀·물놀이 시에는 자주 재도포해야 효과적이다.

★★
56

아토피성 피부염의 주요 특징이 아닌 것은?

① 가려움증이 심하다.
② 만성적·재발성이 있다.
③ **항상 세균 감염에 의해만 발생한다.**
④ 유전적 소인과 환경요인이 복합적으로 관여한다.

> 아토피는 면역·유전·환경적 요인이 복합적으로 작용하며 반드시 세균 감염으로만 발생하지 않는다.

★★★
57

화학용어에서 'pH'가 의미하는 것은?

① 용액의 점도
② **수소 이온 농도로 용액의 산성도·알칼리도**
③ 제품의 보존 기간
④ 입자 크기

> pH는 수소 이온 농도의 음의 로그 값으로 용액의 산·염기성을 나타낸다.

★★
58

딥 클렌징 시 스크럽을 과도하게 사용하면 일어날 수 있는 문제는?

① 피부 탄력 증가
② **피부 장벽 손상과 염증, 색소침착 유발**
③ 멜라닌 완전 제거
④ 모발 굵기 증가

> 과도한 물리적 각질 제거는 장벽 손상과 염증, 이후 색소침착을 유발할 수 있다.

★
59

임신 중 피부 관리 시 주의해야 하는 점으로 옳은 것은?

① **강한 화학적 각질제거제 사용을 피해야 한다.**
② 모든 화장품을 무조건 중단해야 한다.
③ 고온·사우나에서 장시간 피부를 노출해야 한다.
④ 자외선 차단은 필요하지 않다.

> 임신 중에는 호르몬 변화로 피부가 민감해지므로 강한 화학적 각질제거제 사용을 피하고, 안전한 성분의 화장품을 사용하는 것이 중요하다.

★★
60

미용 시술 후 흉터·색소침착 위험을 줄이기 위한 관리법으로 옳은 것은?

① **자외선 차단과 보습, 시술부위의 자극 회피**
② 즉시 강한 각질 제거 시행
③ 소독 없이 상처를 방치
④ 시술 부위를 자주 문지름

> 자외선 차단·충분한 보습·과도한 자극 회피는 흉터·색소침착 예방에 중요하다.

제4회 CBT 기출복원문제

★★★
01

피부의 수분 유지에 가장 중요한 층은?

① 진피
② 표피
③ 피하조직
④ 모낭

> 표피, 특히 각질층과 천연보습인자가 피부 수분 유지에 핵심적 역할을 한다.

★★★
02

피부 표면의 약산성 보호막(pH)이 손상되면 주로 발생하는 문제는?

① 멜라닌 감소
② 세균 증식 증가 및 장벽 손상
③ 주름 생성 감소
④ 피지선 위축

> 피부 표면이 알칼리화되면 장벽이 약해져 세균 증식과 염증 위험이 증가한다.

★★★
03

멜라닌 생성에 필요한 효소는?

① 타이로시나아제
② 리파아제
③ 아밀라아제
④ 펩시나아제

> 타이로시나아제는 티로신을 산화시켜 멜라닌 합성을 촉진한다.

★★★
04

진피에서 피부 탄력성을 담당하는 주요 단백질은?

① 콜라겐
② 케라틴
③ 멜라닌
④ 세라마이드

> 콜라겐은 진피의 주요 구조 단백질로 피부 탄력과 지지력을 유지한다.

★★★
05

표피의 기저층에서 주로 일어나는 기능은?

① 세포 분열을 통한 새로운 케라티노사이트 생성
② 피지 분비
③ 땀 분비
④ 멜라닌 제거

> 기저층의 케라티노사이트는 분열하며 표피를 지속적으로 재생한다.

★★★
06

여드름 발생과 가장 관련 있는 요인은?

① 피지 과다 분비 및 모공 폐색
② 멜라닌 과다
③ 땀샘 위축
④ 진피 탄력 증가

> 피지 과다와 모공 폐색, 각질 축적이 여드름 발생의 핵심 요인이다.

★★★
07

아포크린 땀샘의 특징으로 옳은 것은?

① 체온 조절에 주로 관여
② 냄새 유발 물질 분비
③ 전신에 균일하게 분포
④ 손바닥과 발바닥에 많다

> 아포크린 땀샘은 겨드랑이 등 특정 부위에 위치하며 냄새를 유발하는 땀을 분비한다.

★★★
08

에크린 땀샘의 기능은?

① 체온 조절
② 피지 분비
③ 모발 성장 촉진
④ 색소 합성

> 에크린 땀샘은 전신에 분포하며 주로 체온 조절을 위해 땀을 분비한다.

★★★
09

표피의 장벽 기능을 유지하는 지질 성분이 아닌 것은?

① 세라마이드
② 콜레스테롤
③ 지방산
④ 멜라닌

> 장벽 기능은 세라마이드, 콜레스테롤, 지방산이 담당하며 멜라닌은 색소 기능이다.

★★★
10

피부 자외선 차단제에서 SPF 지수는 무엇을 의미하는가?

① UV-A 차단 정도
② UV-B 차단 지속시간
③ 보습력 지수
④ 색소 차단력

> SPF는 UV-B 차단 효능과 관련된 지수로, 표준 조건에서 차단 시간을 나타낸다.

★★★
11

화학적 자외선 차단제의 원리는?

① 자외선 흡수 후 열로 변환
② 자외선 반사
③ 피부 표면 코팅
④ 모공 수축

> 화학적 차단제(유기자외선차단제)는 자외선을 흡수하여 열로 방출한다.

★★★
12

물리적 자외선 차단제의 대표 성분은?

① 티타늄디옥사이드, 징크옥사이드
② 아스코르빈산
③ 글리콜산
④ 살리실산

> 티타늄디옥사이드와 징크옥사이드는 자외선을 반사·산란시켜 피부를 보호한다.

★★ 13

여드름 피부용 화장품 선택 시 고려해야 할 사항으로 옳은 것은?

① 모공을 막지 않아 트러블 유발 가능성이 낮은 제품을 선택한다.
② 향료가 강하게 들어간 제품이 좋다.
③ 알코올 함량이 높은 제품을 우선 사용한다.
④ 색소가 많이 포함된 제품이 피부 진정에 좋다.

> 여드름 피부 관리에서는 모공을 막지 않는 논코메도제닉 제품을 선택해야 트러블 발생을 최소화할 수 있다.

★★ 14

건성 피부의 특징으로 옳지 않은 것은?

① 유분이 적어 건조감
② 각질층이 두꺼움
③ 피지 분비 과다
④ 잔주름 잘 발생

> 건성 피부는 피지 분비가 적어 건조하고 잔주름이 잘 생긴다.

★★ 15

지성 피부 관리에서 올바른 방법은?

① 부드러운 세정으로 과도한 피지 제거
② 강한 세정제를 반복 사용
③ 유분층 완전 제거
④ 보습제 사용 금지

> 과도한 세정은 피지 분비를 자극하므로 부드럽게 세정하고 적절히 보습한다.

★★ 16

피부 보습제의 주요 기능이 아닌 것은?

① 수분 증발 방지
② 각질층 유연성 향상
③ 진피 콜라겐 즉시 재생
④ 표피 수분 공급

> 보습제는 표피 수분 유지와 장벽 보호에 도움되지만, 진피 콜라겐을 즉시 재생하지는 않는다.

★★ 17

피부 산화 스트레스를 줄이는 항산화 성분은?

① 비타민 C
② 살리실산
③ 글리콜산
④ 소듐라우릴설페이트

> 비타민 C는 활성산소 제거와 콜라겐 합성을 촉진한다.

★★★ 18

화학적 필링(AHA)에서 주로 사용되는 성분은?

① 글리콜산, 락틱산
② 살리실산
③ 티타늄디옥사이드
④ 징크옥사이드

> AHA에서 주로 사용되는 성분은 글리콜산과 락틱산이다.

★★ 19

살리실산(BHA)의 주요 특징은?

① 지용성으로 모공 깊숙이 작용
② 수용성으로 표피에만 작용
③ 멜라닌 직접 억제
④ 주로 보습 기능

> 살리실산은 지용성으로 모공 내 각질과 피지를 용해한다.

★★ 20

아토피 피부염의 특징이 아닌 것은?

① 심한 가려움
② 재발성
③ 항상 세균 감염
④ 유전·환경 요인 복합 작용

> 아토피는 세균 감염과 무관하게 면역·유전·환경 요인이 복합적으로 작용한다.

★★ 21

지루피부염의 주된 원인으로 옳은 것은?

① 진피 콜라겐 감소
② 피지 분비 과다 및 말라세지아균 증식
③ 각질층 수분 증가
④ 멜라닌 과다 생성

> 지루피부염은 피지 분비가 많은 부위에서 말라세지아균이 과도하게 증식하면서 발생한다.

★★ 22

모발과 관련된 피부 부속기관이 아닌 것은?

① 모낭
② 피지선
③ 땀샘
④ 멜라닌소체

> 멜라닌소체는 색소 세포와 관련 있고, 모발·피부 부속기관에는 포함되지 않는다.

★★★ 23

화장품 성분 중 보습제로 주로 쓰이는 것은?

① 글리세린
② 살리실산
③ 티타늄디옥사이드
④ 알코올

> 글리세린은 각질층에 수분을 공급하고 유지하는 대표적인 보습제이다.

★★ 24

피부 자극 테스트를 통해 확인할 수 있는 것은?

① 세포 분열 속도
② 알러지 및 민감성 반응
③ 멜라닌 합성 속도
④ 진피 탄력

> 피부 자극 테스트는 특정 성분에 대한 알러지, 민감성 반응 여부를 평가한다.

★★★ 25

피부 장벽 손상 시 가장 먼저 나타나는 증상은?

① 멜라닌 증가
② 수분 손실 증가 및 건조감
③ 주름 형성
④ 모발 빠짐

> 피부 장벽이 손상되면 수분 증발이 증가해 건조함과 민감성이 나타난다.

★★ 26

피부의 감각 수용체 중 압력 감지를 담당하는 것은?

① 파치니소체
② 마이스너소체
③ 루피니소체
④ 자유신경종말

> 파치니소체는 진피 깊은 층에 위치하며 압력과 진동을 감지한다.

★★ 27

혈관 수축이 피부 체온 조절에 미치는 영향은?

① 체온 손실 증가
② 체온 유지
③ 멜라닌 합성 촉진
④ 모공 수축과 무관

> 혈관 수축은 피부로의 혈류를 줄여 체온 손실을 최소화한다.

★★ 28

모공 크기 증가에 영향을 주는 요인이 아닌 것은?

① 피지 과다 분비
② 피부 노화
③ 피부 수분 부족
④ 멜라닌 과다

> 멜라닌 과다는 모공 크기와 직접적 관련이 없다.

★★ 29

태닝(일광화상)에 의해 표피에서 생기는 변화는?

① 멜라닌 합성 증가
② 콜라겐 신속 재생
③ 땀샘 활동 저하
④ 피지 분비 감소

> UV 노출 시 멜라닌 합성이 증가해 피부를 보호한다.

★★★ 30

피부 재생에서 중요한 성장 인자가 아닌 것은?

① EGF(상피세포 성장인자)
② FGF(섬유아세포 성장인자)
③ IGF(인슐린 유사 성장인자)
④ SFA(포화지방산)

> SFA는 성장인자가 아니며, 피부 재생에는 EGF, FGF, IGF 등이 관여한다.

★★ 31

트러블 피부 관리에서 권장하지 않는 방법은?

① 세정 후 보습
② 자극적인 스크럽 사용
③ 적절한 항염 화장품 사용
④ 모공 청결 유지

> 자극적인 스크럽은 피부 장벽을 손상시키고 트러블을 악화시킨다.

★★ 32

피부의 색소침착 중 멜라닌 증가와 관련된 질환은?

① 백반증
② 기미, 주근깨
③ 아토피
④ 건선

> 기미, 주근깨는 멜라닌 합성 증가로 인한 색소침착 질환이다.

★★ 33

여드름 치료 시 피해야 하는 성분은?

① 자극적인 알코올
② 살리실산
③ 벤조일퍼옥사이드
④ 글리세린

> 강한 알코올은 피부 자극과 건조를 유발하므로 피해야 한다.

★★★ 34

모공 속 피지와 각질이 쌓이는 과정에서 생성되는 여드름 초기 병변은?

① 농포
② 모공각화(면포)
③ 낭종
④ 결절

> 모공각화로 인한 면포가 여드름 초기 병변이다.

★★ 35

피부 민감도를 높이는 요인으로 올바른 것은?

① 장벽 손상, 자외선, 알러지
② 충분한 보습
③ 자외선 차단제 사용
④ 규칙적인 세정

> 장벽 손상과 외부 자극은 피부 민감도를 높인다.

★★ 36

피부의 피지선 과다 분비를 억제하는 방법으로 적절한 것은?

① 과도한 세정
② 균형 잡힌 식습관과 적절한 보습
③ 스크럽 반복
④ 자극적인 화장품 사용

> 균형 잡힌 생활습관과 부드러운 관리가 피지 분비 조절에 도움이 된다.

★★★ 37

멜라닌 세포의 위치는?

✔ **표피 기저층**
② 진피
③ 피하조직
④ 땀샘 내부

> 멜라닌 세포(멜라노사이트)는 표피 기저층에 위치한다.

★★ 38

피부 알러지 테스트에서 나타나는 반응은 주로 어떤 현상인가?

✔ **발적과 부종**
② 주름 생성
③ 멜라닌 증가
④ 콜라겐 신생

> 알러지 반응은 피부 발적, 부종, 가려움 등 국소 반응으로 나타난다.

★★ 39

각질층 두께가 증가하는 현상은?

✔ **피부 건조와 자극**
② 충분한 보습
③ 피지 분비 감소
④ 멜라닌 감소

> 피부 건조와 반복 자극은 각질층 두께 증가를 유발한다.

★★★ 40

피부의 주름 형성과 가장 관련 있는 요인은?

✔ **진피 콜라겐 및 엘라스틴 감소**
② 각질층 두께 증가
③ 피지 분비 증가
④ 멜라닌 생성 감소

> 진피의 콜라겐과 엘라스틴 감소가 주름과 탄력 저하의 주요 원인이다.

★★★ 41

피부 보습 성분 중 유수분 균형 유지에 중요한 것은?

✔ **세라마이드**
② 멜라닌
③ 콜라겐
④ 각질

> 세라마이드는 각질층에서 수분 증발을 막고 유수분 균형을 유지한다.

★★★ 42

피부 표면 장벽을 강화하는 성분으로 적합한 것은?

✔ **세라마이드, 콜레스테롤, 지방산**
② 살리실산
③ 벤조일퍼옥사이드
④ 알코올

> 장벽 강화에는 세라마이드, 콜레스테롤, 지방산이 중요하다.

★★★
43

자외선으로 인한 광노화의 주요 증상은?

✔ **주름, 피부 탄력 저하, 색소 침착**
② 피지 감소
③ 표피 두께 감소
④ 땀샘 기능 저하

> 광노화는 UV 노출로 진피 손상, 주름 형성, 색소침착을 유발한다.

★★★
44

피부 pH 유지의 중요성으로 옳은 것은?

✔ **세균 증식 억제 및 장벽 기능 유지**
② 모공 크기 확대
③ 멜라닌 생성 촉진
④ 피지선 감소

> 피부의 약산성 환경은 세균 증식을 억제하고 장벽 기능을 유지한다.

★★
45

화장품 사용 후 피부 트러블이 발생하면 우선 확인해야 할 것은?

✔ **성분 알러지 여부**
② 피부색 변화
③ 땀 분비량
④ 주름 깊이

> 트러블 발생 시 성분 알러지나 민감성 반응 여부를 우선 확인해야 한다.

★★★
46

피부 장벽이 손상되면 나타나는 대표적 증상은?

✔ **건조, 가려움, 민감성 증가**
② 멜라닌 감소
③ 피지 증가
④ 주름 감소

> 손상된 장벽은 수분 손실과 민감성 증가, 가려움 등을 유발한다.

★★★
47

피지선 과다 분비가 주로 나타나는 부위는?

✔ **얼굴 T존**
② 손바닥
③ 발바닥
④ 팔 안쪽

> T존(이마·코·턱)은 피지선이 풍부해 과다 분비가 잘 나타난다.

★★★
48

화학적 필링 후 관리에서 중요한 것은?

✔ **자외선 차단과 충분한 보습**
② 강한 세정 반복
③ 각질 제거 스크럽
④ 고농도 알코올 사용

> 필링 후 피부는 민감하므로 자외선 차단과 보습 관리가 중요하다.

★★★ 49

피부 탄력 저하의 원인으로 옳은 것은?

① 진피의 콜라겐 및 엘라스틴 감소
② 각질층 수분 증가
③ 멜라닌 합성 증가
④ 피지 분비 과다

> 콜라겐과 엘라스틴 감소는 피부 탄력 저하와 주름 형성의 주원인이다.

★★ 50

아토피 피부염 관리 시 올바른 방법은?

① 보습제 사용과 자극 최소화
② 과도한 스크럽
③ 강한 세정제 반복 사용
④ 고농도 알코올 사용

> 아토피는 피부 장벽이 약하므로 보습과 자극 최소화가 핵심 관리법이다.

★★ 51

피부 색소침착 예방에서 중요한 방법은?

① 자외선 차단과 항산화 관리
② 강한 세정
③ 피지 과다 유발
④ 모공 확대

> UV 차단과 항산화 관리는 색소침착 예방에 중요하다.

★★ 52

피부 진정 관리에 적합한 성분은?

① 알로에, 판테놀
② 벤조일퍼옥사이드
③ 살리실산
④ 알코올

> 알로에와 판테놀은 염증과 자극을 완화하는 진정 성분이다.

★★★ 53

지성 피부용 클렌징 시 주의사항은?

① 과도한 세정으로 인한 장벽 손상 방지
② 강한 세정제 반복 사용
③ 보습제 사용 금지
④ 고농도 알코올 사용

> 과도한 세정은 피지 과다 및 장벽 손상을 유발하므로 주의가 필요하다.

★★ 54

피부 보습과 장벽 회복에 도움되는 성분 조합은?

① 세라마이드, 콜레스테롤, 지방산
② 살리실산, 알코올
③ 벤조일퍼옥사이드, 글리콜산
④ 티타늄디옥사이드, 징크옥사이드

> 세라마이드, 콜레스테롤, 지방산은 피부 장벽 강화와 보습에 핵심적이다.

★★★ 55

트러블성 피부의 관리 원칙은?

✔ ① 자극 최소화, 청결 유지, 적절한 보습
② 강한 스크럽 반복
③ 고농도 알코올 사용
④ 피지 완전 제거

> 트러블성 피부는 자극을 줄이고, 청결과 보습을 유지하는 것이 중요하다.

★★ 56

피부 노화 방지에 도움되는 성분으로 옳은 것은?

✔ ① 항산화제, 비타민 C, 레티놀
② 알코올
③ 살리실산
④ 벤조일퍼옥사이드

> 항산화제, 비타민 C, 레티놀은 콜라겐 합성과 피부 회복에 도움된다.

★★ 57

피부 수분 손실이 증가하는 상황은?

✔ ① 장벽 손상, 건조 환경
② 충분한 보습
③ T존 피지 과다
④ 멜라닌 증가

> 장벽 손상과 건조 환경은 피부 수분 증발을 증가시킨다.

★ 58

임상적으로 알레르기 반응 가능성을 줄인 화장품 성분 표시 '저자극성'의 의미로 옳은 것은?

✔ ① 알레르기 반응을 일으킬 가능성이 낮도록 설계된 제품이다.
② 피지 분비를 증가시키는 성분이다.
③ 멜라닌 생성을 억제하는 성분이다.
④ 세포 분열을 촉진하는 성분이다.

> 저자극성(hypoallergenic) 제품은 피부 알러지 반응 가능성을 최소화하도록 제조된 화장품으로, 민감성 피부에도 안전하게 사용할 수 있다.

★★★ 59

표피 세포 중 케라티노사이트의 주요 기능은?

✔ ① 각질층 형성 및 장벽 유지
② 멜라닌 생성
③ 피지 분비
④ 땀 분비

> 케라티노사이트는 표피에서 각질층을 형성하고 장벽을 유지한다.

★★ 60

피부 장벽 회복을 위한 생활습관으로 옳은 것은?

✔ ① 충분한 보습, 자극 최소화, 균형 잡힌 식습관
② 강한 스크럽 반복
③ 고농도 알코올 사용
④ 과도한 피지 제거

> 장벽 회복을 위해서는 보습과 자극 최소화, 영양 균형이 중요하다.

Chapter 05

제5회 CBT 기출복원문제

★★★ 01

피부 표면의 천연보습인자가 부족하면 나타나는 현상은?

① 피부 건조와 각질 증가
② 주름 감소
③ 멜라닌 합성 촉진
④ 땀 분비 증가

> 천연보습인자(NMF)가 부족하면 수분 유지가 어렵고 각질층이 건조해진다.

★★★ 02

피부 장벽 기능이 손상될 때 주로 나타나는 것은?

① 민감성 증가와 가려움
② 멜라닌 감소
③ 피지 과다 분비 감소
④ 주름 개선

> 장벽 손상은 외부 자극에 대한 피부 민감성을 높이고 가려움, 건조를 유발한다.

★ 03

피부 색소침착의 원인이 아닌 것은?

① 자외선 노출
② 염증 후 과색소침착
③ 유전적 요인
④ 각질층 두께 증가

> 각질층 두께 증가 자체는 색소침착과 직접적 관련이 없다.

★★ 04

아토피 피부염 관리에서 가장 중요한 생활습관은?

① 충분한 보습과 자극 최소화
② 고농도 알코올 사용
③ 강한 스크럽 반복
④ 피지 완전 제거

> 아토피 피부는 장벽이 약하므로 보습과 자극 최소화가 핵심이다.

★★★ 05

표피의 가장 깊은 층(기저층)에서 발견되는 세포는?

① 케라티노사이트
② 멜라노사이트
③ 랑게르한스 세포
④ 피지세포

> 기저층에서 케라티노사이트가 분열하여 새로운 표피를 형성한다.

★★★ 06

멜라닌 생성을 촉진하는 요소는?

① UV 노출
② 충분한 보습
③ 피부 장벽 강화
④ 혈류 감소

> 자외선은 멜라노사이트를 자극하여 멜라닌 생성을 증가시킨다.

★★★
07

에크린 땀샘의 주요 기능은?

① 체온 조절
② 체취 유발
③ 피지 분비
④ 멜라닌 합성

에크린 땀샘은 전신에 분포하며 체온 조절을 위한 땀 분비가 주 역할이다.

★★
08

아포크린 땀샘의 특징은?

① 체취 생성
② 체온 조절
③ 전신 분포
④ 모발 성장 촉진

아포크린 땀샘은 겨드랑이, 사타구니 등 특정 부위에 위치하며 체취를 생성한다.

★★★
09

피부 보습제의 주요 기능이 아닌 것은?

① 수분 유지
② 장벽 보호
③ 콜라겐 즉시 재생
④ 각질층 유연화

보습제는 피부 수분 유지와 장벽 보호를 돕지만, 콜라겐을 즉시 재생시키지 않는다.

★★
10

자외선 차단 지수 SPF는 무엇을 의미하는가?

① UV-B 차단 효능
② UV-A 차단 효능
③ 보습력
④ 피부톤 개선

SPF는 UV-B 차단 능력과 관련 있으며, 차단 지속 시간을 나타낸다.

★★
11

화학적 자외선 차단제의 작용 원리는?

① 자외선 흡수 후 열로 전환
② 반사
③ 표면 코팅
④ 수분 증발 억제

유기 자외선 차단제는 자외선을 흡수하여 열로 방출한다.

★★
12

물리적 자외선 차단제의 대표 성분은?

① 티타늄디옥사이드, 징크옥사이드
② 글리콜산
③ 살리실산
④ 알코올

무기 자외선 차단제는 자외선을 반사·산란시켜 피부를 보호한다.

⭐⭐ 13

지성 피부 관리에서 가장 우선적으로 조절해야 하는 요소는?

① 피지 조절
② 수분 공급
③ 멜라닌 합성
④ 피부 장벽 강화

지성 피부는 피지 과다로 트러블이 발생할 수 있으므로, 피지 조절이 우선적으로 필요하다.

⭐⭐⭐ 14

건성 피부의 특징이 아닌 것은?

① 유분 부족
② 각질 증가
③ 피지 과다
④ 잔주름 발생 용이

건성 피부는 피지 분비가 적어 건조하고 잔주름이 잘 생긴다.

⭐⭐⭐ 15

지성 피부 관리 시 올바른 방법은?

① 부드러운 세정과 적절한 보습
② 강한 세정 반복
③ 유분 완전 제거
④ 보습제 사용 금지

과도한 세정은 피지 분비를 자극하므로 부드럽게 세정하고 적절히 보습한다.

⭐⭐⭐ 16

항산화 성분으로 피부 노화 예방에 도움되는 것은?

① 비타민 C
② 살리실산
③ 알코올
④ 글리콜산

비타민 C는 활성산소 제거와 콜라겐 합성 촉진에 도움된다.

⭐⭐ 17

피부 알러지 테스트에서 확인할 수 있는 반응은?

① 발적과 부종
② 주름 감소
③ 멜라닌 감소
④ 피지 분비 증가

피부 알러지 반응은 국소 발적과 부종 등으로 나타난다.

⭐⭐⭐ 18

살리실산(BHA)의 주요 특징은?

① 지용성으로 모공 깊숙이 작용
② 수용성
③ 멜라닌 억제
④ 보습 기능

지용성 성분으로 모공 내 각질과 피지를 용해한다.

★★★
19

AHA 필링의 대표 성분은?

① 글리콜산, 락틱산
② 살리실산
③ 티타늄디옥사이드
④ 징크옥사이드

각질층 결합을 완화하여 피부 표면 박리를 유도한다.

★★★
20

여드름 초기 병변은?

① 면포
② 결절
③ 낭종
④ 농포

피지와 각질 축적으로 모공각화가 발생하면 면포가 형성된다.

★★★
21

피부 장벽 강화에 도움되는 지질 성분은?

① 세라마이드, 콜레스테롤, 지방산
② 멜라닌
③ 살리실산
④ 알코올

장벽 강화와 수분 유지에 중요한 성분이다.

★★
22

피부 민감도를 높이는 요인은?

① 장벽 손상, 자외선, 알러지
② 충분한 보습
③ UV 차단
④ 피부 진정

장벽 손상과 외부 자극은 피부 민감도를 높인다.

★★
23

지성 피부에서 피지 과다를 억제하는 방법은?

① 균형 잡힌 식습관과 부드러운 세정
② 강한 세정 반복
③ 자극적인 화장품 사용
④ 피지 완전 제거

생활습관 개선과 부드러운 관리가 중요하다.

★
24

모공 크기에 영향을 주는 요인이 아닌 것은?

① 멜라닌 과다
② 피지 과다
③ 피부 노화
④ 수분 부족

멜라닌은 모공 크기와 직접 관련이 없다.

25

피부 재생에 중요한 성장 인자가 아닌 것은?

① SFA
② EGF
③ FGF
④ IGF

> 포화지방산(SFA)은 성장인자가 아니며, 피부 재생에는 EGF, FGF, IGF가 관여한다.

26

피부 트러블 관리 시 피해야 할 방법은?

① 자극적인 스크럽 반복
② 보습
③ 청결 유지
④ 항염 화장품 사용

> 강한 스크럽은 피부 장벽을 손상시키고 트러블을 악화시킨다.

27

피부 주름 형성의 주 원인은?

① 진피 콜라겐과 엘라스틴 감소
② 각질층 증가
③ 피지 과다
④ 멜라닌 증가

> 진피의 콜라겐·엘라스틴 감소가 피부 탄력 저하와 주름 생성의 주요 원인이다.

28

화장품 성분 'hypoallergenic'의 의미는?

① 저자극성
② 피지 분비 촉진
③ 멜라닌 억제
④ 세포 분열 촉진

> 저자극성을 의미하며, 알러지 반응 가능성이 낮도록 설계된 제품이다.

29

아토피 피부염에서 장벽 회복을 돕는 성분은?

① 세라마이드
② 살리실산
③ 벤조일퍼옥사이드
④ 알코올

> 세라마이드는 장벽 회복과 수분 유지에 도움된다.

30

피부 색소침착 예방 방법으로 적합한 것은?

① 자외선 차단과 항산화 관리
② 강한 세정
③ 피지 제거
④ 모공 확대

> UV 차단과 항산화 성분 사용은 색소침착 예방에 중요하다.

★★★
31

화학적 필링 후 피부 관리에서 중요한 것은?

✔ 보습과 자외선 차단
② 스크럽 반복
③ 강한 세정
④ 알코올 사용

> 필링 후 피부는 민감하므로 보습과 자외선 차단이 필수적이다.

★★★
32

표피 세포 중 케라티노사이트의 주요 기능은?

✔ 각질층 형성과 장벽 유지
② 멜라닌 생성
③ 피지 분비
④ 땀 분비

> 케라티노사이트는 각질층 형성과 장벽 기능 유지에 중요하다.

★★★
33

멜라닌 세포(멜라노사이트)의 위치는?

✔ 표피 기저층
② 진피
③ 피하조직
④ 땀샘

> 멜라노사이트는 표피 기저층에 위치하여 멜라닌을 생성한다.

★★
34

피부 알러지 반응으로 나타나는 현상은?

✔ 발적, 부종, 가려움
② 주름 감소
③ 콜라겐 증가
④ 멜라닌 감소

> 피부 알러지 반응은 국소 발적, 부종, 가려움 등의 형태로 나타난다.

★★★
35

건조한 피부에서 각질층 두께가 증가하는 원인은?

✔ 장벽 손상과 반복 자극
② 충분한 보습
③ 피지 과다
④ 멜라닌 증가

> 반복적인 건조와 자극은 각질층 두께 증가를 유발한다.

★★★
36

피부 보습과 장벽 회복에 핵심적인 성분 조합은?

✔ 세라마이드, 콜레스테롤, 지방산
② 살리실산, 알코올
③ 벤조일퍼옥사이드, 글리콜산
④ 티타늄디옥사이드, 징크옥사이드

> 장벽 강화와 보습에 필수적인 성분이다.

★★★
37

트러블성 피부 관리의 원칙으로 옳은 것은?

✔ **자극 최소화, 청결 유지, 적절한 보습**
② 강한 스크럽 반복
③ 고농도 알코올 사용
④ 피지 완전 제거

> 트러블성 피부는 자극을 줄이고 청결과 보습을 유지하는 것이 핵심이다.

★★
38

피부 노화 방지에 도움되는 성분은?

✔ **항산화제, 비타민 C, 레티놀**
② 살리실산
③ 알코올
④ 벤조일퍼옥사이드

> 항산화제, 비타민 C, 레티놀은 콜라겐 합성과 피부 회복에 도움된다.

★★
39

피부 수분 손실이 증가하는 상황은?

✔ **장벽 손상과 건조 환경**
② 충분한 보습
③ T존 피지 과다
④ 멜라닌 증가

> 장벽 손상과 건조 환경은 수분 증발을 증가시킨다.

★★★
40

피부 장벽이 손상되었을 때 가장 먼저 나타나는 증상은?

✔ **모공을 막지 않아 여드름 유발 가능성이 낮음**
② 저자극성
③ 항염
④ 보습 강화

> 모공을 막지 않도록 설계되어 여드름 발생 가능성이 낮다.

★★
41

피부 장벽 회복을 위한 생활습관으로 올바른 것은?

✔ **충분한 보습, 자극 최소화, 균형 잡힌 식습관**
② 강한 스크럽 반복
③ 고농도 알코올 사용
④ 과도한 피지 제거

> 장벽 회복을 위해서는 보습과 자극 최소화, 영양 균형이 중요하다.

★★
42

지성 피부에서 피지 분비를 억제하는 방법은?

✔ **부드러운 세정과 적절한 보습**
② 강한 세정 반복
③ 자극적인 화장품 사용
④ 피지 완전 제거

> 생활습관 개선과 부드러운 관리가 중요하다.

★★ 43

피부 민감도를 높이는 요인은?

① 장벽 손상, 자외선, 알러지
② 충분한 보습
③ UV 차단
④ 피부 진정

> 장벽 손상과 외부 자극은 피부 민감도를 높인다.

★★★ 44

피부 보습 성분 글리세린의 역할은?

① 각질층 수분 유지
② 콜라겐 즉시 재생
③ 멜라닌 억제
④ 땀 분비

> 글리세린은 각질층에 수분을 공급하고 유지한다.

★★ 45

피부 트러블 예방을 위해 피해야 할 습관은?

① 강한 스크럽 반복
② 청결 유지
③ 적절한 보습
④ 항염 화장품 사용

> 과도한 스크럽은 장벽을 손상시키고 트러블을 악화시킨다.

★★★ 46

피부 탄력 저하의 원인으로 올바른 것은?

① 진피 콜라겐과 엘라스틴 감소
② 각질층 수분 증가
③ 멜라닌 합성 증가
④ 피지 과다

> 콜라겐과 엘라스틴 감소가 피부 탄력 저하와 주름 형성의 주요 원인이다.

★★ 47

피부 진정 성분으로 적합한 것은?

① 알로에, 판테놀
② 벤조일퍼옥사이드
③ 살리실산
④ 알코올

> 알로에와 판테놀은 염증과 자극을 완화하는 진정 성분이다.

★★★ 48

화학적 필링 후 주의할 점은?

① 자외선 차단과 충분한 보습
② 강한 세정
③ 스크럽 반복
④ 고농도 알코올 사용

> 필링 후 민감해진 피부에는 보습과 자외선 차단이 필수적이다.

★★★
49

피부 표면 장벽을 강화하는 성분은?

① 세라마이드, 콜레스테롤, 지방산
② 살리실산
③ 벤조일퍼옥사이드
④ 알코올

> 장벽 강화에 중요한 성분이다.

★★★
50

여드름 초기 병변의 형태는?

① 면포
② 농포
③ 결절
④ 낭종

> 피지와 각질이 쌓이면 모공각화가 발생하여 면포가 형성된다.

★★★
51

피부 보습 성분 중 유수분 균형 유지에 중요한 것은?

① 세라마이드
② 멜라닌
③ 콜라겐
④ 각질

> 세라마이드는 각질층에서 수분 증발을 막고 유수분 균형을 유지한다.

★★
52

피부 알러지 테스트에서 확인할 수 있는 반응은?

① 발적과 부종
② 주름 생성
③ 멜라닌 증가
④ 콜라겐 신생

> 알러지 반응은 피부 발적, 부종, 가려움 등으로 나타난다.

★★
53

피부 민감도를 높이는 요인은?

① 장벽 손상, 자외선, 알러지
② 충분한 보습
③ 자외선 차단제 사용
④ 규칙적인 세정

> 장벽 손상과 외부 자극은 피부 민감도를 높인다.

★★
54

지성 피부에서 피지 과다를 억제하는 방법은?

① 생활습관 개선과 부드러운 관리
② 강한 세정 반복
③ 자극적인 화장품 사용
④ 피지 완전 제거

> 균형 잡힌 생활습관과 부드러운 관리가 중요하다.

★★
55

피부 장벽이 손상되면 나타나는 대표적 증상은?

① 건조, 가려움, 민감성 증가
② 멜라닌 감소
③ 피지 증가
④ 주름 감소

장벽 손상은 수분 손실과 민감성 증가, 가려움 등을 유발한다.

★★★
56

피지선 과다 분비가 주로 나타나는 부위는?

① T존
② 손바닥
③ 발바닥
④ 팔 안쪽

T존은 피지선이 풍부하여 과다 분비가 잘 나타난다.

★★★
57

피부 보습과 장벽 회복에 도움되는 성분 조합은?

① 세라마이드, 콜레스테롤, 지방산
② 살리실산, 알코올
③ 벤조일퍼옥사이드, 글리콜산
④ 티타늄디옥사이드, 징크옥사이드

장벽 강화와 보습에 핵심적인 성분이다.

★★
58

피부의 노화와 관련이 깊으며, 진피의 대부분을 차지하는 단백질 섬유로 피부의 인장 강도와 형태를 유지하는 것은?

① 콜라겐(교원섬유)
② 엘라스틴(탄력섬유)
③ 멜라닌
④ 케라틴

진피 성분의 약 70~80%를 차지하는 콜라겐은 피부의 강도와 지지력을 담당하며, 노화 시 수분 보유력이 떨어지고 주름의 원인이 된다.

★★
59

케라티노사이트의 주요 기능은?

① 각질층 형성 및 장벽 유지
② 멜라닌 생성
③ 피지 분비
④ 땀 분비

케라티노사이트는 각질층 형성과 장벽 기능 유지에 중요하다. □

★★
60

피부 장벽 회복을 위한 생활습관으로 올바른 것은?

① 충분한 보습, 자극 최소화, 균형 잡힌 식습관
② 강한 스크럽 반복
③ 고농도 알코올 사용
④ 과도한 피지 제거

장벽 회복을 위해서는 보습과 자극 최소화, 영양 균형이 중요하다.

제6회 CBT 기출복원문제

★★★ 01

피부 표피층 중 각질 형성 세포의 분열이 가장 활발하며, 멜라닌 세포가 위치하여 피부색을 결정하는 중요한 기능을 수행하는 층은?

① 투명층
② 과립층
③ 유극층
④ **기저층**

> 기저층은 표피의 가장 깊은 층으로, 세포 분열이 일어나고, 멜라닌 세포가 멜라닌을 생성하는 곳이다.

★★ 03

여드름의 발생 기전 중, 피지선의 과다 분비, 모낭 내 각화 이상 외에 가장 직접적으로 여드름 발생 부위에 염증 반응을 유발하는 요소는?

① 멜라닌 세포의 활성화
② 콜라겐 섬유의 변성
③ **면역 및 염증 세포의 반응**
④ 피하 지방층의 위축

> 여드름은 면포 형성 후 여드름균 증식과 함께 면역 및 염증 세포의 작용으로 곪는 염증성 여드름으로 진행된다.

★★★ 02

진피층을 구성하는 주요 섬유 중, 피부의 탄력성을 회복하는 능력과 직접적인 관련이 있으며, 노화 시 가장 먼저 변성되기 시작하는 것은?

① 콜라겐 섬유
② 망상 섬유
③ **탄력 섬유**
④ 기질

> 탄력 섬유는 피부의 탄력성(늘어났다 돌아오는 성질)을 담당하며, 자외선 노화에 가장 민감하게 반응한다.

★★★ 04

피부의 부속기관 중, 주로 손바닥, 발바닥에 집중적으로 분포하며 땀의 증발열을 통해 체온 조절에 가장 중요한 역할을 하는 땀샘은?

① 피지선
② 아포크린 땀샘
③ **에크린 땀샘**
④ 모낭

> 에크린 땀샘은 전신, 특히 손발바닥에 분포하며 땀의 증발열을 통해 체온을 조절하는 주요 역할을 한다.

★★★ 05

자외선 A가 피부에 미치는 영향으로 가장 거리가 먼 것은?

① 피부 깊은 진피층의 콜라겐 변성 및 노화 유발
② 멜라닌 색소를 즉시 산화시켜 피부를 검게 만듦
③ **일광 화상 유발 및 비타민 D 합성 촉진**
④ 면역 세포 기능을 저하시켜 피부 방어력 약화

> 일광 화상 유발 및 비타민 D 합성 촉진은 주로 자외선 B의 주된 영향이다. 자외선 A는 진피 노화와 즉시형 색소 침착을 유발한다.

★★ 06

피부 관리 시 압을 가할 때 심장 쪽으로 밀어 올려주는 방향으로 마사지하는 이유를 가장 잘 설명하는 인체 순환계는?

① 동맥 순환계
② **정맥 순환계**
③ 모세혈관망
④ 림프 순환계

> 정맥은 판막을 가지고 있어 혈액의 역류를 막으며, 마사지는 정맥의 흐름 방향인 심장 쪽으로 진행되어야 효율적이다.

★★★ 07

공중위생관리법상 미용업 영업 신고자가 영업장 폐쇄 명령을 받고도 계속 영업을 할 경우, 부과될 수 있는 최대 처벌 수위는?

① 6개월 이하의 징역 또는 500만원 이하의 벌금
② **1년 이하의 징역 또는 1천만원 이하의 벌금**
③ 2년 이하의 징역 또는 2천만원 이하의 벌금
④ 3년 이하의 징역 또는 3천만원 이하의 벌금

> 공중위생관리법에 따라 영업 폐쇄 명령을 받고 계속 영업한 자는 1년 이하의 징역 또는 1천만원 이하의 벌금에 처한다.

★★ 08

피부 관리실에서 주로 사용하는 기기 중, 진공 흡입을 통해 모공 속 노폐물 제거에 도움을 주지만, 민감하거나 모세혈관 확장증 피부에는 사용에 주의해야 하는 기기는?

① 우드 램프
② 이온토포레시스
③ 브러시
④ **석션**

> 석션 기기는 진공 흡입력이 강해 노폐물 제거에 효과적이나, 피부에 자극을 줄 수 있어 민감 피부에 주의해야 한다.

★ 09

주름 개선 또는 미백에 도움을 주는 기능성 화장품을 심사받기 위해 식품의약품안전처장에게 제출해야 하는 자료가 아닌 것은?

① 안전성 및 유효성에 관한 자료
② 기준 및 시험방법에 관한 자료
③ 기능성 원료의 기원 및 개발 경위에 관한 자료
④ **임상 시험 전 피험자의 식습관 분석 보고서**

> 기능성 화장품 심사 시 임상 시험 전 피험자의 식습관 분석 보고서는 필수 제출 자료가 아니다.

★ 10

피부 관리의 역사 중, 고대 로마의 테르메에서 마사지와 아로마 테라피가 성행했던 사실을 가장 잘 설명하는 시대적 특징은?

① 순수한 종교적 위생을 강조
② 고도로 발달된 해부학적 지식의 적용
③ **위생과 쾌락을 중시한 사치 미용의 발달**
④ 아로마 오일을 사용한 의료적 치료가 주 목적

> 로마 시대는 위생을 넘어 쾌락적이고 사치스러운 미용 문화가 발달한 시기로, 목욕과 마사지가 성행했다.

★★★ 11

체내의 노폐물과 독소를 제거하고, 면역 기능에 중요한 역할을 하며, 피부 관리의 림프 드레나쥐 테크닉이 직접적으로 활성화하고자 하는 인체의 계통은?

① 호흡기 계통
② 내분비 계통
③ **림프 계통**
④ 소화기 계통

> 림프 드레나쥐는 림프 계통의 순환을 촉진하여 노폐물 배출을 돕는 관리 기법이다.

★★★ 12

미용 기구 및 용품의 소독 방법 중, 미생물의 아포까지 사멸시킬 수 있는 가장 확실하고 강력한 소독 방법으로, 고압증기멸균기를 사용하는 것은?

① **습열 소독법**
② 자외선 소독법
③ 화학적 소독법
④ 건열 소독법

> 고압증기멸균법은 습열 소독법의 일종으로, 가장 강력한 멸균력을 가진다.

★★ 13

고주파 기기를 사용한 피부 관리 시 발생하는 현상으로, 모세혈관 확장증이 있는 피부에 사용을 지양해야 하는 이유와 가장 직접적으로 관련된 것은?

① 살균 및 소독 작용
② 오존 발생을 통한 진정 효과
③ **혈액 순환 및 열 발생으로 인한 자극 증가**
④ 유효 성분의 깊은 침투를 유도

> 고주파 기기는 혈액 순환을 촉진하고 열을 발생시켜 모세혈관 확장증이 있는 피부에 붉은 기와 자극을 증가시킬 수 있다.

★★ 14

피부에 도포 시 수분을 공급하고 증발을 억제하여 피부를 보호하는 화장품 성분 중, 대표적인 유성 성분으로 밀폐 작용에 가장 큰 영향을 미치는 것은?

① 히알루론산
② 글리세린
③ **바세린**
④ 요소

> 바세린은 대표적인 유성 성분으로, 피부 표면에 보호막을 형성하여 수분 증발을 강력하게 억제하는 밀폐 작용을 한다.

★★ 15

현대 미용에서 피부 유형 분석을 가장 먼저 실시하는 이유로, 관리 계획의 정확성 확보보다 더욱 근본적이고 필수적인 목적은?

① 고객의 기대 수준을 파악하기 위함
② **부작용 발생 가능성을 예측하고 예방하기 위함**
③ 사용 기기의 종류를 단순화하기 위함
④ 마케팅 전략 수립에 활용하기 위함

> 피부 유형 분석은 고객의 상태를 파악하여 잘못된 관리로 인한 부작용 발생을 사전에 방지하고 안전성을 확보하는 것이 가장 중요하다.

★★ 16

자외선에 의해 피부가 손상될 때, 표피층의 색소를 생성하는 세포가 비정상적으로 활성화되어 발생하는 가장 일반적인 색소 침착 현상은?

① 백반증
② **주근깨**
③ 백색 비강진
④ 건선

> 주근깨는 자외선 노출로 인해 멜라닌 세포가 활성화되어 멜라닌 색소가 과다 생성되어 나타나는 흔한 색소 침착 질환이다.

★★★ 17

공중위생관리법상 영업자가 준수해야 할 위생관리기준 중, 1회용 면도기를 재사용하는 행위에 대해 규정하고 있는 것은?

① 시설 및 설비 기준
② **미용 기구 소독 및 청결 유지 기준**
③ 영업자 및 종사자의 건강 관리 기준
④ 영업 신고 및 변경 신고 기준

> 1회용 면도기 재사용 금지는 미용 기구의 위생 및 청결 유지에 관한 기준이다.

★ 18

팩 관리 시 석고 마스크를 사용하는 주요 목적과 효과에 대한 설명으로 가장 거리가 먼 것은?

① 석고가 굳으면서 발생하는 열로 유효 성분의 흡수를 돕는다.
② 피부를 밀봉하여 수분 증발을 강력하게 억제한다.
③ **피부의 온도를 급격히 낮춰 모공을 수축시키고 진정시킨다.**
④ 피부 조직을 탄탄하게 조여주는 리프팅 효과가 있다.

> 석고 마스크는 굳으면서 온열 효과를 발생시켜 혈액 순환과 유효 성분 흡수를 돕는다. 피부 온도를 낮추는 효과는 없다.

★★★ 19

자외선 차단제에 표기되는 PA 등급이 나타내는 것은?

① 자외선 B에 대한 차단 효과의 정도
② **자외선 A에 대한 차단 효과의 정도**
③ 자외선 차단 지속 시간
④ 자외선 차단제의 내수성 정도

> PA는 자외선 A에 대한 차단 효과의 정도를 나타내는 지표이다.

★★★ 20

한국 미용사 피부 자격증 실기 시험의 기본 얼굴 관리 순서 중, 매뉴얼 테크닉 직후에 실시하는 단계로 가장 적절한 것은?

① 클렌징
② 딥 클렌징
③ **팩 및 마스크**
④ 눈썹 정리

> 얼굴 관리의 일반적인 순서는 매뉴얼 테크닉 이후에 팩 및 마스크를 적용하는 것이 일반적이다.

21

공중위생관리법상 영업 신고를 한 자가 영업장 면적의 2분의 1을 증축하려고 할 때, 시장·군수·구청장에게 신고해야 할 기한은?

① 증축일로부터 7일 이내
② 증축일로부터 15일 이내
③ **증축하기 전 미리**
④ 별도의 신고 기한 없음

> 영업장 면적의 증축 등 대통령령으로 정하는 중요 사항을 변경할 경우 미리 시장·군수·구청장에게 신고해야 한다.

22

딥 클렌징의 방법 중, 피부 표면의 노폐물과 묵은 각질을 기계적인 마찰을 이용하여 제거하는 방식으로, 민감성 피부에는 사용을 지양해야 하는 것은?

① 효소 딥 클렌징
② AHA 필링
③ **스크럽 딥 클렌징**
④ 고마쥐 딥 클렌징

> 스크럽은 입자가 피부에 직접적인 기계적 마찰을 일으키므로, 민감성 피부에는 자극이 강해 사용하지 않는 것이 좋다.

23

클렌징 제품에 주로 사용되는 합성 계면활성제에 대한 설명으로 옳지 않은 것은?

① 물과 기름을 섞이게 하는 유화 작용을 한다.
② 친수성 부분과 친유성 부분을 모두 가지고 있다.
③ 피부의 장벽 기능이 약화된 민감 피부에는 자극을 줄 수 있다.
④ **비누와 달리 알칼리성이 강하여 세정 후 피부를 건조하게 만든다.**

> 비누와 달리 합성 계면활성제는 pH를 조절할 수 있어 약산성으로 만들 수 있으며, 알칼리성이 강하지 않다.

24

클렌징 단계에서 눈과 입술의 포인트 메이크업을 가장 먼저 지우는 이유로 가장 타당한 것은?

① 포인트 메이크업은 일반 클렌징 제품으로 잘 지워지지 않기 때문
② 눈과 입술 피부는 자극에 둔감하여 강한 클렌징을 먼저 적용하기 위함
③ 클렌징 제품이 눈에 들어가는 것을 막기 위함
④ **포인트 부위의 메이크업이 얼굴 전체로 번지는 것을 방지하기 위함**

> 포인트 메이크업을 먼저 제거해야 짙은 색조가 얼굴 전체로 번져 클렌징을 더 어렵게 만들거나 색소 침착을 유발하는 것을 방지한다.

25

피부의 진피층에서 콜라겐과 탄력 섬유를 생산하고 피부 재생의 핵심적인 역할을 수행하는 세포는?

① 멜라닌 세포
② 각질 형성 세포
③ **섬유아세포**
④ 랑게르한스 세포

> 섬유아세포는 진피층의 주요 세포로, 콜라겐, 탄력 섬유, 기질 등을 합성하여 피부의 구조를 유지하고 재생시킨다.

26

인체의 흉부를 구성하며, 림프 드레나쥐의 최종 배출 부위 중 하나인 쇄골과 가까이 위치하는 뼈는?

① 요골
② **늑골**
③ 척골
④ 상완골

> 늑골은 가슴을 이루는 뼈로, 쇄골은 늑골과 연결되어 흉부의 상단에 위치하며 림프 배출에 중요한 지점이다.

27 ★★★

공중위생관리법상 영업자가 영업 정지 1개월의 행정 처분을 받은 후, 1년 이내에 동일한 위반 행위를 반복했을 때 받을 수 있는 추가 행정 처분은?

① 경고
② 영업 정지 2개월
③ **영업장 폐쇄 명령**
④ 영업 정지 3개월

> 공중위생관리법상 1차 위반에 대해 영업 정지 처분을 받은 후 1년 이내에 2차 위반 시 영업장 폐쇄 명령을 받게 된다.

28 ★★

피부 관리 시 사용하는 스티머의 기능 중, 수증기의 온열 효과 외에 노폐물 제거에 간접적으로 도움을 주는 것은?

① 고주파를 이용한 살균 작용
② **오존 발생을 통한 모공 확장 및 살균 작용**
③ 진동을 이용한 모낭의 각질 제거
④ 자외선을 이용한 피지 분비 억제

> 스티머 작동 시 오존이 발생하는 모델의 경우, 오존의 살균 효과와 함께 모공을 열어 노폐물 배출을 돕는다.

29 ★★★

화장품 제형 중, 물 속에 오일 입자가 분산된 형태로, 사용감이 가볍고 산뜻하여 일반적인 로션, 에센스 등에 주로 사용되는 형태는?

① W/O 에멀션
② **O/W 에멀션**
③ 서스펜션
④ 분말

> O/W 에멀션은 연속상이 물이며 분산상이 오일이므로, 사용감이 가볍고 산뜻한 수성 타입의 제형이다.

30 ★

고객의 피부 상태를 진단할 때, 피부 표면의 유분량 측정보다 더 중요하게 파악해야 하며, 계절 변화에 따라 가장 민감하게 변하는 피부 상태 요인은?

① 피부톤
② 피부 온도
③ **피부 수분 함량**
④ 피부 두께

> 피부 수분 함량은 환경 변화에 가장 민감하게 반응하며, 모든 피부 문제의 기본 원인이 되므로 진단 시 중요하게 파악한다.

31 ★★★

피부의 모공 주변에 위치하며, 체모와는 독립적으로 존재하고 발바닥, 손바닥을 제외한 전신에 분포하여 피지를 분비하는 기관은?

① 아포크린 땀샘
② 에크린 땀샘
③ 모근
④ **피지선**

> 피지선은 모낭 주변에 존재하며 피지를 분비하여 피부를 보호하는 역할을 한다.

32 ★★

손을 이용한 팔 관리 시, 노폐물 배출을 위해 가장 먼저 자극하고 이완시켜야 하는 림프절 집합체는?

① **액와 림프절**
② 서혜 림프절
③ 슬와 림프절
④ 경부 림프절

> 팔의 림프액은 대부분 겨드랑이(액와) 림프절로 모이므로, 팔 관리 시 액와 림프절을 먼저 자극해야 한다.

★★★
33

공중위생관리법상 영업자가 준수해야 할 '위생관리 의무'를 준수하지 않아 1차 위반으로 개선 명령을 받았을 경우, 개선 명령을 이행해야 하는 기한은?

① 7일 이내
② 10일 이내
③ 1개월 이내
④ 3개월 이내

공중위생관리법 시행규칙 별표 7에 따르면, 개선 명령은 특별한 사유가 없는 한 1개월 이내의 기간을 정하여 이행할 것을 명한다.

★★
34

갈바닉 전류를 이용한 피부 관리 시, 피부를 통해 인체에 흐르는 직류 전류의 특징으로 옳은 것은?

① 교류 전류와 달리 극성이 변화하여 피부에 자극이 적다.
② 직류 전류는 극성 변화 없이 일정한 방향으로 흐른다.
③ 양극은 산성 반응을 일으켜 피부 진정 및 수렴 작용을 한다.
④ 음극은 혈관 수축 및 신경 진정 작용을 한다.

갈바닉 기기는 직류 전류를 사용하며, 극성 변화 없이 일정한 방향으로만 흐른다.

★
35

화장품 성분 중, 피부에 산뜻한 사용감을 부여하고 에센스, 토너, 마스크 등의 제형 안정성을 높이는 데 주로 사용되는 수용성 고분자 물질은?

① 실리콘 오일
② 카보머
③ 파라핀
④ 미네랄 오일

카보머는 아크릴산계 고분자로, 물에 녹아 점증제로 사용되며, 산뜻한 젤 제형 등을 만드는 데 필수적이다.

★
36

고객의 주관적 만족도를 높이는 데 가장 큰 영향을 미치는 요인이며, 피부 관리의 시작과 끝에 반드시 포함되어야 할 서비스 요소는?

① 고가의 기능성 화장품 사용
② 피부 분석 기기를 통한 정밀 진단
③ 고객과의 충분한 소통 및 친절한 응대
④ 관리실 내부의 조명 밝기 조절

고객과의 충분한 소통과 친절한 응대는 고객의 심리적 안정과 만족도를 높이는 가장 중요한 서비스 요소이다.

★
37

피부의 상처가 치유되는 과정 중, 섬유아세포가 활성화되어 새로운 콜라겐과 혈관을 만들어 손상된 부위를 채워 넣는 조직을 형성하는 시기는?

① 염증기
② 증식기
③ 재형성기
④ 착색기

증식기는 염증기 이후에 오며, 섬유아세포가 활발하게 생성되어 상처 부위를 채우는 육아 조직을 형성하는 시기이다.

38

발과 종아리 관리를 할 때, 정맥류가 있는 고객에게 압을 가하는 마사지를 금지하거나 주의해야 하는 가장 중요한 이유는?

① 정맥류 부위에 압이 가해지면 통증이 심해지기 때문
② 정맥류 혈관이 파열되어 출혈을 일으킬 위험이 있기 때문
③ 림프액 순환을 방해하여 부종을 악화시키기 때문
④ 피부 멜라닌 생성을 촉진하여 착색을 유발하기 때문

> 정맥류는 혈관이 늘어나 약해진 상태이므로, 강한 압을 가하면 혈관이 손상되거나 파열되어 합병증을 유발할 위험이 있다.

39

공중위생관리법상 미용사 면허증 대여 행위에 대한 행정 처분 기준으로 옳은 것은?

① 1차 위반: 면허 취소
② 1차 위반: 면허 정지 6개월
③ 2차 위반: 영업장 폐쇄
④ 2차 위반: 면허 정지 1년

> 공중위생관리법에 따라 면허를 타인에게 대여한 경우 횟수에 관계없이 면허를 취소해야 한다.

40

초음파 기기의 피부 관리 적용 시, 조직 내부의 마찰열을 발생시키지 않는 경우의 주된 효과는?

① 화학적 박피 효과
② 미세 진동에 의한 물리적 마사지 효과
③ 오존 발생을 통한 살균 효과
④ 전기적 자극을 통한 근육 수축 효과

> 초음파의 주요 효과는 미세한 진동을 통해 세포 조직을 마사지하고 신진대사를 촉진하는 것이다.

41

화장품을 보관할 때 발생할 수 있는 '화장품 변질'의 주요 원인이 아닌 것은?

① 미생물에 의한 오염
② 온도 및 습도의 급격한 변화
③ 화장품 내 유효 성분의 pH 변화
④ 화장품 내 무기 안료의 침전

> 무기 안료의 침전은 안정성 문제일 수 있으나, 변질(산패, 미생물 오염 등)의 주요 원인은 아니다.

42

고객 상담 시 '지성 건조 피부'를 가진 고객의 특징을 가장 정확하게 설명한 것은?

① 표면은 건조하여 각질이 일어나지만, 진피층에는 수분이 부족하다.
② 표면은 피지 분비가 왕성하고, 속 피부는 수분 부족이 심한 상태이다.
③ 피지 분비가 적고, 모공이 좁으며, 유분과 수분 모두 부족한 상태이다.
④ T존은 지성, U존은 건성인 복합성 피부의 일종이다.

> 지성 건조 피부는 피부 표면에 피지 분비는 많으나, 수분 함량이 낮아 건조함과 당김을 느끼는 상태이다.

43

색소 침착 질환 중, 자외선 노출에 의해 악화되고 임신 및 경구 피임약 복용 등의 호르몬 변화에 가장 민감하게 반응하여 대칭적인 형태로 나타나는 것은?

① 주근깨
② 검버섯
③ 기미
④ 백반증

> 기미는 자외선 외에 호르몬 변화가 주요 원인 중 하나이며, 주로 얼굴 중앙부에 대칭적으로 발생하는 색소 질환이다.

44

림프 드레나쥐 테크닉 중, 쇄골 위 움푹 들어간 곳에 압을 가하는 최종 목적은?

① 림프절에 고인 림프액을 직접 짜내기 위함
② 림프관의 움직임을 활성화하여 림프액의 배출을 촉진하기 위함
③ 근육의 긴장을 이완시켜 통증을 완화하기 위함
④ 동맥을 압박하여 혈압을 낮추기 위함

> 쇄골 상부 림프절은 전신의 림프액이 최종적으로 모이는 곳 중 하나로, 이 부위를 자극하여 림프 순환을 촉진한다.

45

공중위생영업자가 보건복지부령으로 정하는 '위생관리의무'를 준수하지 않아 1차 위반으로 개선 명령을 받았을 경우, 개선 명령을 이행해야 하는 기한은?

① 7일 이내
② 10일 이내
③ 1개월 이내
④ 3개월 이내

> 공중위생관리법 시행규칙에 따라 개선 명령은 특별한 사유가 없는 한 1개월 이내의 기간을 정하여 이행할 것을 명한다.

46

필링이나 딥 클렌징 후 토너 적용 전에 잔여물 제거 및 피부 표면 정리를 위해 미스트 형태로 수분을 공급하며, 오존을 발생시키지 않아 민감 피부에도 사용 가능한 기기는?

① 스티머
② 스프레이 & 토너
③ 브러시
④ 갈바닉

> 스프레이 & 토너 기기는 미스트 형태로 피부에 토너 등을 분사하여 잔여물을 헹구거나 피부를 정리할 때 사용된다.

47

화장품 성분 중, 자신의 무게보다 수백 배에 달하는 수분을 끌어당기는 능력이 있으며, 피부에 도포 시 끈적임이 적고 산뜻한 수분감을 주는 고분자 물질은?

① 바세린
② 미네랄 오일
③ 히알루론산
④ 스쿠알란

> 히알루론산은 자기 무게의 수백 배 수분을 끌어당기는 대표적인 수용성 보습 성분이다.

48

매뉴얼 테크닉의 주된 효과 중, 가장 먼저 나타나며 신경계에 직접적인 영향을 미치는 효과는?

① 근육의 수축 및 이완을 통한 체형 교정 효과
② 혈액 및 림프 순환 촉진을 통한 노폐물 배출 효과
③ 신경 이완 및 안정화를 통한 심신 진정 효과
④ 피부 온도 상승을 통한 유효 성분 흡수 촉진 효과

> 마사지의 촉각은 신경계를 직접 자극하여 통증 완화, 긴장 이완, 심신 안정 등 심리적/신경적 진정 효과를 가장 먼저 유발한다.

★★
49

피부의 감각 수용체 중, 통증 감각만을 전담하여 느끼며, 다른 피부 감각에 비해 자유 신경 종말 형태로 존재하는 것은?

① 파치니 소체
② 마이스너 소체
③ 루피니 소체
④ **자유 신경 종말**

> 자유 신경 종말은 통증과 온도 변화를 느끼는 감각 수용체이며, 통증 감각만을 전담한다.

★
50

전신 관리 시, 복부를 시계 방향으로 마사지하는 이유를 가장 잘 설명하는 인체의 기관계는?

① 호흡기 계통
② 비뇨기 계통
③ **소화기 계통**
④ 순환기 계통

> 소화기 계통 중 장(대장)의 연동 운동 방향이 시계 방향이므로, 소화 촉진과 배변 활동을 돕기 위해 복부 마사지는 시계 방향으로 한다.

★★★
51

공중위생관리법상 면허 정지 처분을 받은 미용사가 그 기간 중 계속해서 미용업을 영위하다 적발되었을 때, 받을 수 있는 추가 행정 처분은?

① **영업장 폐쇄 명령**
② 영업 정지 기간 연장
③ 500만원 이하의 과태료 부과
④ 즉시 자격증 재교부 심사

> 공중위생관리법에 따라 면허 정지 기간 중 영업을 계속하면 영업장 폐쇄 명령을 받을 수 있다.

★★
52

적외선 램프를 이용한 온열 관리 시, 고객의 눈을 보호해야 하는 가장 중요한 이유는?

① 강한 빛이 시신경을 자극하여 두통을 유발하기 때문
② 적외선이 눈의 망막을 손상시킬 수 있는 고에너지 광선이기 때문
③ 눈꺼풀의 피부를 건조하게 하여 주름을 심화시키기 때문
④ **눈동자 속의 수정체를 변형시켜 백내장을 유발할 수 있기 때문**

> 적외선의 열은 눈의 수정체를 변형시켜 백내장 등을 유발할 위험이 있어 반드시 눈 보호를 위한 조치를 취해야 한다.

★★★
53

화장품의 유효 성분을 '나노 기술'을 이용하여 제조했을 때 기대할 수 있는 효과로 가장 거리가 먼 것은?

① 유효 성분의 피부 흡수율 증가
② 성분의 안정성 향상 및 산화 방지
③ 화장품 제형의 투명도 증가
④ **성분의 입자 크기가 작아져 피부 자극 최소화**

> 나노 입자는 흡수는 증가하지만, 그 자체로 피부 자극이 최소화되는 것을 보장하지 않으며, 새로운 독성 문제가 제기될 수 있다.

★★ 54

고객에게 림프 드레나쥐 테크닉을 적용하기 전, 관리사가 고객의 림프절 부위를 먼저 '선행 자극'하는 주된 목적은?

① 림프관의 판막 기능을 회복시키기 위함
② 근육의 긴장을 풀어 매뉴얼 테크닉 효과를 높이기 위함
③ 림프절을 열어 림프액이 원활하게 유입되도록 통로를 확보하기 위함
④ 림프액의 농도를 묽게 하여 흐름을 쉽게 하기 위함

> 림프 드레나쥐는 최종 배출 부위인 림프절을 먼저 자극하여 림프액이 모일 수 있는 공간을 마련하고 흐름을 활성화하는 것이 중요하다.

★★★ 55

피부 노화의 주요 특징 중 하나인 진피층의 변화로 인해 나타나는 현상으로, 콜라겐 섬유와 탄력 섬유의 변성과 감소가 가장 큰 원인이 되는 것은?

① 멜라닌 색소의 과다 침착
② 표피층의 두께 증가
③ 피부의 장력 및 탄력성 저하로 인한 주름 발생
④ 피지선의 기능 활성화

> 진피층의 콜라겐과 탄력 섬유가 감소하면 피부가 지탱력을 잃어 주름과 탄력 저하가 발생한다.

★★ 56

미용 기구 소독 시 사용하는 '자외선 소독기'에 대한 설명으로 옳은 것은?

① 모든 종류의 미생물 아포까지 완벽하게 사멸시킬 수 있다.
② 소독 대상 기구는 자외선이 직접 닿을 수 있도록 소독기에 넣어야 효과가 있다.
③ 소독 후 건조 과정이 필요하므로 습기가 많은 기구 소독에 유리하다.
④ 피부에 직접 닿는 기구의 살균보다는 공간 소독에 더 적합하다.

> 자외선은 투과력이 낮아 그림자 부분에는 소독 효과가 없으므로, 소독할 기구가 자외선에 직접 노출되어야 효과를 본다.

★★★ 57

미용업 영업자가 위생교육을 받아야 하는 시기로 옳은 것은?

① 영업 신고를 한 날부터 1년이 되는 날까지
② 매년 12월 31일까지
③ 영업 신고를 하기 전 또는 영업 개시 후 6개월 이내
④ 영업 신고 수리 후 3개월 이내

> 공중위생관리법에 따라 위생교육은 영업 신고를 하기 전 또는 부득이한 경우 영업 개시 후 6개월 이내에 받아야 한다.

★★
58

러버 마스크나 석고 마스크 사용 전, 에센스나 앰플을 바른 후 피부에 랩을 씌우는 행위의 목적을 기기의 밀폐 작용과 연관하여 설명한 것은?

① 랩이 마스크의 무게를 지탱하여 처짐을 방지한다.
② 랩이 마스크의 온도를 낮춰 피부 진정 효과를 높인다.
③ 랩을 통해 마스크의 밀폐 효과를 더욱 강화하여 유효 성분의 침투를 높인다.
④ 랩을 사용하여 마스크 제거 시 피부에 묻는 잔여물을 줄인다.

> 랩은 피부와 외부 공기와의 접촉을 차단하는 강력한 밀폐 효과를 발생시켜, 그 아래 바른 유효 성분의 피부 침투와 흡수를 극대화한다.

★★
59

화장품의 대표적인 산화 방지제 성분인 '토코페롤'에 대한 설명으로 틀린 것은?

① 지용성 비타민 E의 일종이다.
② 화장품 내 유성 성분의 산화를 막아 변질을 억제한다.
③ 피부에 항산화 작용을 하여 노화 방지에 도움을 준다.
④ 피부에 도포 시 자외선 B를 차단하는 기능성 효과가 있다.

> 토코페롤은 강력한 항산화제이지만, 자외선 차단제의 기능성 원료로 사용되지는 않는다.

★★
60

얼굴 마사지 시 경추 부위를 관리하는 주된 목적은 경추 주변의 어떤 구조물을 이완시켜 두부로 가는 혈액 순환을 개선하는 것인가?

① 척수
② 추골동맥
③ 쇄골
④ 흉쇄유돌근

> 흉쇄유돌근은 목 주변의 큰 근육으로, 이완 시 목의 긴장을 풀어주고 두부로의 혈액 및 림프 순환을 개선하는 데 도움을 준다.

제7회 CBT 기출복원문제

★★★
01

피부 장벽의 주요 구성 성분이 아닌 것은?

① 세라마이드
② 콜레스테롤
③ 지방산
④ 멜라닌

> 멜라닌은 색소와 관련 있고, 장벽 구성에는 관여하지 않는다.

★★
04

지성 피부 관리 시 피해야 할 방법은?

① 과도한 세정
② 부드러운 세정
③ 적절한 보습
④ 생활습관 개선

> 과도한 세정은 피지 분비를 오히려 증가시키고 장벽을 손상시킨다.

★★★
02

자외선으로 인해 피부가 손상되는 주된 원인은?

① 활성산소 생성
② 수분 증가
③ 피지 감소
④ 세라마이드 증가

> 자외선은 활성산소를 생성하여 세포 손상과 노화를 촉진한다.

★★★
05

표피 기저층에서 발견되는 세포는?

① 케라티노사이트
② 멜라노사이트
③ 랑게르한스 세포
④ 피지세포

> 기저층에서 케라티노사이트가 분열하여 표피를 재생한다.

★★★
03

피부 수분을 유지하는 천연보습인자의 역할은?

① 각질층 수분 유지
② 피지 분비 억제
③ 멜라닌 합성 억제
④ 콜라겐 재생

> 천연보습인자는 각질층에서 수분을 잡아 두어 건조를 방지한다.

★★
06

피부 노화 방지에 도움되는 항산화 성분은?

① 비타민 C, 비타민 E
② 살리실산
③ 알코올
④ 티타늄디옥사이드

> 항산화 성분은 활성산소 제거와 콜라겐 합성을 돕는다.

07 ★★

아포크린 땀샘의 특징으로 옳은 것은?

① 체취 생성
② 체온 조절
③ 전신 분포
④ 피지 분비

아포크린 땀샘은 겨드랑이, 유륜 등 특정 부위에 위치하며 체취를 생성한다.

08 ★★★

에크린 땀샘의 주요 기능은?

① 체온 조절
② 체취 생성
③ 피지 분비
④ 멜라닌 합성

에크린 땀샘은 전신에 분포하며 체온 조절이 주 역할이다.

09 ★★

피부 트러블을 예방하기 위해 피해야 할 습관은?

① 강한 스크럽 반복
② 적절한 보습
③ 청결 유지
④ 항염 화장품 사용

과도한 스크럽은 장벽을 손상시키고 트러블을 악화시킨다.

10 ★★

피부 장벽 강화에 도움되는 지질 성분은?

① 세라마이드, 콜레스테롤, 지방산
② 살리실산
③ 벤조일퍼옥사이드
④ 알코올

이 세 가지 성분은 장벽 보호와 수분 유지에 핵심적이다.

11 ★★

화학적 자외선 차단제의 원리는?

① 자외선 흡수 후 열로 전환
② 반사
③ 표면 코팅
④ 수분 증발 억제

유기 자외선 차단제는 자외선을 흡수하여 열로 방출한다.

12 ★★

물리적 자외선 차단제의 대표 성분은?

① 티타늄디옥사이드, 징크옥사이드
② 살리실산
③ 글리콜산
④ 알코올

무기 차단제는 자외선을 반사·산란시켜 피부를 보호한다.

★★★ 13

벨벳 마스크 사용 시 기포를 제거해야 하는 이유는?

① 기포가 생기면 마스크의 모양이 예쁘지 않기 때문이다.
② 기포가 생기는 부분에는 마스크의 성분이 피부에 침투하지 않기 때문이다.
③ 기포가 생기면 마스크의 적용시간이 없기 때문이다.
④ 기포가 생기면 고객기 불편해하기 때문이다.

> 벨벳 마스크 시 밀착하여 기포가 생기지 않도록 해야 피부에 성분이 골고루 침투되기 때문이다.

★★ 14

건성 피부의 특징이 아닌 것은?

① 피지 과다
② 유분 부족
③ 각질 증가
④ 잔주름 발생 용이

> 건성 피부는 피지 분비가 적고 건조하다.

★★ 15

지성 피부 관리에서 올바른 방법은?

① 부드러운 세정과 적절한 보습
② 강한 세정 반복
③ 유분 완전 제거
④ 보습제 사용 금지

> 과도한 세정은 피지 분비를 자극하므로 적절한 관리가 중요하다.

★★ 16

피부 트러블성 관리 시 핵심 원칙은?

① 자극 최소화, 청결 유지, 적절한 보습
② 고농도 알코올 사용
③ 강한 스크럽 반복
④ 피지 완전 제거

> 트러블성 피부는 자극을 줄이고 청결과 보습을 유지해야 한다.

★★★ 17

케라티노사이트의 기능은?

① 각질층 형성 및 장벽 유지
② 멜라닌 생성
③ 피지 분비
④ 땀 분비

> 각질층 형성과 장벽 기능 유지에 중요한 세포이다.

★★★ 18

멜라노사이트의 위치는?

① 표피 기저층
② 진피
③ 피하조직
④ 땀샘

> 멜라노사이트는 표피 기저층에 존재하며 멜라닌을 생성한다.

★★ 19

피부 알러지 반응으로 나타나는 현상은?

✓ 발적, 부종, 가려움
② 주름 감소
③ 콜라겐 증가
④ 멜라닌 감소

> 알러지 반응은 피부 발적, 부종, 가려움 등으로 나타난다.

★★★ 20

AHA 필링 대표 성분은?

✓ 글리콜산, 락틱산
② 살리실산
③ 티타늄디옥사이드
④ 징크옥사이드

> 각질층 결합을 완화하여 피부 표면 박리를 유도한다.

★★★ 21

살리실산(BHA)의 특징은?

✓ 지용성으로 모공 깊숙이 작용
② 수용성
③ 멜라닌 억제
④ 보습 기능

> 지용성 성분으로 모공 내 각질과 피지를 용해한다.

★★★ 22

피부 색소침착 예방에 도움되는 생활습관은?

✓ 자외선 차단과 항산화 관리
② 과도한 세정
③ 피지 제거
④ 모공 확대

> UV 차단과 항산화 성분 사용이 중요하다.

★★★ 23

피부 탄력 저하의 주 원인은?

✓ 진피 콜라겐과 엘라스틴 감소
② 각질층 증가
③ 피지 과다
④ 멜라닌 증가

> 진피의 콜라겐·엘라스틴 감소가 피부 탄력 저하와 주름의 원인이다.

★★ 24

피부 장벽 회복을 돕는 성분은?

✓ 세라마이드
② 살리실산
③ 벤조일퍼옥사이드
④ 알코올

> 세라마이드는 장벽 회복과 수분 유지에 도움된다.

★★ 25

알로에와 판테놀의 주요 기능은?

① 피부 진정
② 멜라닌 생성
③ 피지 분비
④ 땀 분비

피부 자극과 염증 완화에 효과적이다.

★★ 26

T존에 피지 과다 발생의 주 원인은?

① 피지선 밀집
② 수분 과다
③ 멜라닌 증가
④ 장벽 강화

T존은 피지선이 풍부해 피지 과다가 나타나기 쉽다.

★★ 27

피부 장벽이 손상되면 나타나는 증상은?

① 건조, 가려움, 민감성 증가
② 멜라닌 감소
③ 피지 과다
④ 주름 감소

장벽 손상은 수분 손실과 민감성을 증가시킨다.

★★★ 28

육안을 확대하여 피부를 자세히 판독하는 기기는?

① 우드램프
② 스킨 스코프
③ 확대경
④ 현미경

확대경은 육안을 확대하여 피부를 자세히 판독하는 기기이다.

★★ 29

건성 피부에 맞는 관리 방법은?

① 충분한 보습
② 피지 완전 제거
③ 강한 스크럽
④ 알코올 과다 사용

건성 피부는 수분 유지와 장벽 보호가 중요하다.

★★ 30

피부 알러지 테스트에서 확인할 수 있는 반응은?

① 발적과 부종
② 주름 감소
③ 멜라닌 감소
④ 콜라겐 증가

피부 알러지 반응은 국소 발적, 부종, 가려움 등으로 나타난다.

★★ 31

피부 트러블 예방 시 올바른 방법은?

✓ 자극 최소화, 청결 유지, 적절한 보습
② 고농도 알코올 사용
③ 강한 세정 반복
④ 피지 완전 제거

> 트러블성 피부는 자극을 최소화하고 보습과 청결을 유지해야 한다.

★★ 32

피부 노화 방지를 위한 성분 조합은?

✓ 항산화제, 비타민 C, 레티놀
② 살리실산
③ 알코올
④ 벤조일퍼옥사이드

> 항산화제와 레티놀은 콜라겐 합성과 회복을 돕는다.

★★ 33

피부 장벽을 강화하는 방법으로 옳지 않은 것은?

✓ 강한 스크럽 반복
② 세라마이드 사용
③ 적절한 보습
① 자극 최소화

> 과도한 스크럽은 장벽을 손상시키므로 피해야 한다.

★★ 34

케라티노사이트의 주요 역할은?

✓ 각질층 형성과 장벽 유지
② 멜라닌 생성
③ 피지 분비
④ 땀 분비

> 피부 보호와 수분 유지에 필수적이다.

★★★ 35

멜라노사이트가 생성하는 색소는?

✓ 멜라닌
② 콜라겐
③ 세라마이드
④ 글리세린

> 멜라닌은 피부 색소와 자외선 보호에 관여한다.

★★★ 36

피부 장벽이 손상될 때 수분 손실이 증가하는 이유는?

✓ 각질층 보호 기능 저하
② 멜라닌 감소
③ 피지 과다
④ 땀 분비 증가

> 장벽 손상은 각질층 수분 유지 기능을 약화시킨다.

37

피부 보습을 위해 사용하는 성분이 아닌 것은?

❶ **살리실산**
② 세라마이드
③ 글리세린
④ 히알루론산

> 살리실산은 각질 용해 성분으로 보습 목적이 아니다.

38

피지 분비가 과다한 부위는?

❶ **T존**
② 손바닥
③ 발바닥
④ 팔 안쪽

> T존은 피지선이 풍부하여 과다 분비가 흔하다.

39

화학적 필링 후 피부 관리 시 중요한 점은?

❶ **보습과 자외선 차단**
② 스크럽 반복
③ 고농도 알코올 사용
④ 강한 세정

> 필링 후 민감해진 피부는 보습과 차단이 필요하다.

40

피부 알러지 반응에서 나타나는 주 증상은?

❶ **발적, 부종, 가려움**
② 주름 감소
③ 콜라겐 증가
④ 멜라닌 감소

> 알러지 반응은 피부 발적, 부종, 가려움으로 나타난다.

41

피부의 색소침착 중 멜라닌 증가와 관련된 질환은?

① 백반증
❷ **기미, 주근깨**
③ 아토피
④ 건선

> 기미, 주근깨는 멜라닌 합성 증가로 인한 색소침착 질환이다.

42

피부 진정 성분으로 적합한 것은?

❶ **알로에, 판테놀**
② 벤조일퍼옥사이드
③ 살리실산
④ 알코올

> 알로에와 판테놀은 염증과 자극을 완화하는 진정 성분이다.

★★★
43

피부 노화 원인 중 가장 큰 것은?

① 자외선 노출
② 수분 증가
③ 피지 감소
④ 장벽 강화

> 자외선은 활성산소를 생성하여 피부 노화를 촉진한다.

★★
44

항산화 성분이 피부에 미치는 효과는?

① 활성산소 제거와 콜라겐 합성 촉진
② 피지 분비 촉진
③ 땀 분비 증가
④ 멜라닌 합성 억제

> 항산화제는 활성산소 제거와 콜라겐 합성을 돕는다.

★★★
45

피부 보습 성분 글리세린의 기능은?

① 각질층 수분 유지
② 콜라겐 즉시 재생
③ 멜라닌 억제
④ 피지 분비

> 글리세린은 각질층에 수분을 공급하고 유지한다.

★★
46

아토피 피부염에서 장벽 회복을 위해 필요한 성분은?

① 세라마이드
② 살리실산
③ 벤조일퍼옥사이드
④ 알코올

> 세라마이드가 장벽 회복과 보습에 도움된다.

★
47

피부 트러블 예방 시 가장 중요한 원칙은?

① 자극 최소화, 청결 유지, 적절한 보습
② 고농도 알코올 사용
③ 강한 스크럽 반복
④ 피지 완전 제거

> 트러블성 피부는 자극을 줄이고 보습과 청결을 유지해야 한다.

★★★
48

피부 장벽이 손상될 때 나타나는 대표적 증상은?

① 건조, 가려움, 민감성 증가
② 멜라닌 감소
③ 피지 과다
④ 주름 감소

> 장벽 손상은 수분 손실과 민감성을 증가시킨다.

★★★ 49

피부 탄력 저하의 주 원인은?

✓ **진피 콜라겐과 엘라스틴 감소**
② 각질층 증가
③ 피지 과다
④ 멜라닌 증가

> 진피의 콜라겐과 엘라스틴 감소가 피부 탄력 저하의 주요 원인이다.

★★★ 50

피부 민감도를 높이는 요인은?

✓ **장벽 손상, 자외선, 알러지**
② 충분한 보습
③ UV 차단
④ 피부 진정

> 장벽 손상과 외부 자극은 피부 민감도를 높인다.

★★ 51

화학적 자외선 차단제의 원리는?

✓ **자외선 흡수 후 열로 전환**
② 반사
③ 표면 코팅
④ 수분 증발 억제

> 유기 자외선 차단제는 자외선을 흡수하여 열로 방출한다.

★★★ 52

물리적 자외선 차단제 성분은?

✓ **티타늄디옥사이드, 징크옥사이드**
② 살리실산
③ 글리콜산
④ 알코올

> 무기 차단제는 자외선을 반사 · 산란시켜 피부를 보호한다.

★★ 53

피부 트러블 예방에 효과적인 생활습관은?

✓ **균형 잡힌 식습관, 충분한 수면, 적절한 보습**
② 강한 스크럽
③ 고농도 알코올 사용
④ 피지 완전 제거

> 균형 잡힌 생활습관과 부드러운 관리가 트러블 예방에 중요하다.

★★ 54

케라티노사이트의 역할은?

✓ **각질층 형성과 장벽 유지**
② 멜라닌 생성
③ 피지 분비
④ 땀 분비

> 케라티노사이트는 각질층과 장벽 기능 유지에 필수적이다.

55

멜라노사이트가 생성하는 색소는?

① **멜라닌**
② 콜라겐
③ 세라마이드
④ 글리세린

> 멜라닌은 피부 색소와 자외선 보호에 관여한다.

56

피부 장벽 손상 시 수분 손실이 증가하는 이유는?

① **각질층 보호 기능 저하**
② 멜라닌 감소
③ 피지 과다
④ 땀 분비 증가

> 장벽 손상은 각질층 수분 유지 기능을 약화시킨다.

57

피부 보습 성분이 아닌 것은?

① **살리실산**
② 세라마이드
③ 글리세린
④ 히알루론산

> 살리실산은 각질 용해 성분으로 보습 목적이 아니다.

58

화학적 필링 후 관리에서 중요한 점은?

① **보습과 자외선 차단**
② 스크럽 반복
③ 고농도 알코올 사용
④ 강한 세정

> 민감해진 피부는 보습과 차단이 필요하다.

59

T존에서 피지 과다 발생의 주 원인은?

① **피지선 밀집**
② 수분 과다
③ 멜라닌 증가
④ 장벽 강화

> T존은 피지선이 풍부하여 과다 분비가 나타난다.

60

진피의 탄력 섬유인 엘라스틴이 변형되거나 감소하여 나타나는 피부 현상은?

① 색소 침착
② **탄력 저하와 주름**
③ 각질 비후
④ 염증 발생

> 진피층의 탄력 섬유인 엘라스틴이 노화나 외부 요인으로 파괴되면 피부의 신축성이 떨어져 탄력 저하되고 주름이 생긴다.

★★★
01

표피의 가장 아래층으로 세포분열이 활발한 부위는?

① 각질층
② 과립층
③ 유극층
④ 기저층

기저층은 새로운 세포가 생성되는 표피의 최하층이다.

★★★
02

진피층의 주요 성분으로 피부의 탄력을 유지하는 것은?

① 멜라닌
② 콜라겐
③ 피지
④ 케라틴

콜라겐은 진피에서 피부의 탄력과 지지 구조를 담당한다.

★★★
03

피지선이 존재하지 않는 부위는?

① 코
② 이마
③ 손바닥
④ 가슴

손바닥과 발바닥에는 피지선이 존재하지 않는다.

★★★
04

피부색을 결정하는 주요 색소는?

① 멜라닌
② 콜라겐
③ 엘라스틴
④ 지질

멜라닌 색소는 자외선으로부터 피부를 보호하며 색을 결정한다.

★★★
05

표피층의 구성 순서가 올바른 것은?

① 각질층 - 과립층 - 유극층 - 기저층
② 기저층 - 유극층 - 과립층 - 각질층
③ 유극층 - 과립층 - 기저층 - 각질층
④ 과립층 - 기저층 - 유극층 - 각질층

표피는 아래에서부터 기저층, 유극층, 과립층, 각질층 순으로 구성된다.

★★★
06

에크린 땀샘의 주요 기능은?

① 피지 분비
② 체온 조절
③ 멜라닌 생성
④ 각질 형성

에크린 땀샘은 땀을 분비해 체온을 조절한다.

07
★★

피부의 pH는 일반적으로 어떤 상태인가?

① 중성
② **약산성**
③ 약알칼리성
④ 강알칼리성

> 피부의 pH는 4.5~6.5의 약산성으로 세균 번식을 억제한다.

08
★★★

아포크린 땀샘이 존재하는 부위는?

① **겨드랑이**
② 손바닥
③ 발바닥
④ 이마

> 아포크린 땀샘은 겨드랑이, 회음부, 유두 주위 등에 존재한다.

09
★★

진피층의 혈관이 담당하는 주요 역할은?

① **영양 공급 및 체온 조절**
② 피지 분비
③ 색소 형성
④ 각질 생성

> 진피의 혈관은 산소와 영양을 공급하고 체온 조절을 돕는다.

10
★★★

피부 노화의 주요 외인적 원인은?

① **자외선**
② 수면
③ 수분 섭취
④ 운동

> 자외선은 광노화를 유발하며 주름, 탄력 저하의 원인이 된다.

11
★★★

진피의 주성분인 콜라겐이 감소하면 나타나는 현상은?

① **탄력 저하**
② 색소 침착
③ 피지 증가
④ 각질 비후

> 콜라겐 감소 시 피부가 처지고 주름이 생긴다.

12
★★

표피의 각질세포가 탈락되는 현상은?

① 탈락
② **각화**
③ 분화
④ 발적

> 각화는 각질세포가 표피를 통해 올라와 탈락되는 과정이다.

★★ 13

피지선에서 분비되는 물질은?

✓ ① 피지
② 수분
③ 멜라닌
④ 엘라스틴

> 피지선은 피지를 분비해 피부의 유분막을 형성한다.

★★★ 14

피부의 수분 유지를 돕는 주요 인자는?

✓ ① NMF
② 피지
③ 멜라닌
④ 케라틴

> 천연보습인자(NMF)는 각질층에서 수분을 유지한다.

★ 15

세포 재생이 가장 활발한 시간대는?

✓ ① 밤
② 아침
③ 점심
④ 오후

> 세포 재생은 야간 수면 중에 가장 활발히 이루어진다.

★★★ 16

피부 장벽의 주요 구성요소는?

✓ ① 각질세포와 지질
② 피지와 수분
③ 멜라닌과 콜라겐
④ 땀샘과 피지선

> 각질세포와 지질이 피부 장벽을 형성하여 외부 자극을 차단한다.

★★★ 17

각질층의 주된 역할은?

✓ ① 보호
② 수분 공급
③ 색소 생성
④ 영양 흡수

> 각질층은 외부 자극과 세균으로부터 신체를 보호한다.

★ 18

피부의 정상 온도 범위는?

✓ ① 31~34℃
② 36.5℃
③ 25℃
④ 20℃

> 피부 온도는 체온보다 약간 낮은 31~34℃ 정도이다.

19

자외선 중 피부 노화를 가장 유발하는 것은?

① UVA
② UVB
③ UVC
④ IR

UVA는 피부 깊숙이 침투하여 콜라겐을 파괴한다.

20

여드름의 주요 원인이 아닌 것은?

① 피지 분비 증가
② 모공 막힘
③ 세균 증식
④ 콜라겐 증가

콜라겐 증가는 여드름과 관련이 없다.

21

피부의 가장 두꺼운 부위는?

① 손바닥
② 눈꺼풀
③ 입술
④ 귓볼

손바닥과 발바닥은 표피가 두껍다.

22

피지 분비량이 가장 많은 부위는?

① T존
② 볼
③ 목
④ 턱 아래

이마와 코 주변의 T존은 피지 분비가 많다.

23

아포크린 땀샘의 분비물 특징은?

① 냄새가 있다
② 무취이다
③ 수분만 포함
④ 피지와 동일

아포크린 땀샘의 분비물은 세균에 의해 냄새가 난다.

24

세정제 사용 시 피해야 할 성분은?

① 강한 알칼리성
② 약산성
③ 보습제
④ 천연유래 계면활성제

알칼리성 세정제는 피부의 보호막을 손상시킨다.

★★ 25

피부의 주된 기능이 아닌 것은?

① 보호 기능
② 감각 기능
③ 소화 기능
④ 체온 조절 기능

> 피부는 소화 기능을 수행하지 않는다.

★★★ 26

표피에서 멜라닌을 생성하는 세포는?

① 멜라닌세포
② 각질세포
③ 섬유세포
④ 피지세포

> 멜라닌세포는 자외선으로부터 피부를 보호한다.

★★ 27

진피의 하부층을 구성하는 것은?

① 망상층
② 유두층
③ 각질층
④ 기저층

> 진피는 유두층과 망상층으로 나뉘며, 망상층이 하부층이다.

★★ 28

피부의 감각 기능을 담당하는 것은?

① 신경말단
② 피지선
③ 모낭
④ 아포크린샘

> 진피의 신경말단은 온도, 압력, 통증을 감지한다.

★ 29

피부의 주요 에너지 공급원은?

① 포도당
② 단백질
③ 지방
④ 비타민

> 포도당은 세포 대사에 필요한 에너지를 공급한다.

★ 30

노화로 인해 가장 먼저 감소하는 것은?

① 콜라겐
② 피지
③ 멜라닌
④ 수분

> 콜라겐이 감소하면서 주름과 탄력 저하가 나타난다.

31

피부의 자연보습인자(NMF) 주성분은?

① **아미노산**
② 콜라겐
③ 멜라닌
④ 피지

> NMF는 아미노산, 젖산 등 수용성 성분으로 구성된다.

32

피지의 주요 성분이 아닌 것은?

① 지방산
② 콜레스테롤
③ **아미노산**
④ 왁스에스터

> 피지는 주로 지방 성분으로 구성된다.

33

자외선 차단제의 SPF는 어떤 자외선을 의미하는가?

① **UVB**
② UVA
③ UVC
④ IR

> SPF는 UVB 차단 효과를 의미한다.

34

피부 감염을 일으키는 대표 세균은?

① **포도상구균**
② 대장균
③ 효모균
④ 사상균

> 포도상구균은 농가진 등 피부감염을 일으킨다.

35

정상적인 피부 혈색은?

① **연한 장밋빛**
② 푸른색
③ 황색
④ 흰색

> 혈액순환이 원활할 때 연한 장밋빛 피부색을 띤다.

36

피부노화 중 외인성 요인이 아닌 것은?

① **유전**
② 자외선
③ 흡연
④ 스트레스

> 유전은 내인성 요인이다.

★★★ 37

모공이 커지는 주요 원인은?

① 피지 분비 과다
② 수분 과다
③ 각질 부족
④ 피지 감소

피지 분비량이 많을수록 모공이 확장된다.

★ 38

여드름이 잘 발생하는 시기는?

① 사춘기
② 유아기
③ 노년기
④ 갱년기

사춘기에는 호르몬 증가로 피지 분비가 활발하다.

★★ 39

건성 피부의 특징은?

① 수분과 피지 부족
② 피지 과다
③ 모공 확장
④ 번들거림

건성 피부는 유분과 수분이 모두 부족하다.

★★ 40

중성피부의 특징으로 옳은 것은?

① 피지와 수분이 균형
② 유분이 많음
③ 각질 많음
④ 번들거림

중성피부는 가장 이상적인 상태이다.

★★ 41

자외선 차단제를 사용할 때 올바른 방법은?

① 외출 30분 전 도포
② 외출 직전 도포
③ 1회만 바름
④ 밤에도 사용

외출 30분 전에 바르면 효과적이다.

★★★ 42

자외선 차단지수 PA는 어떤 자외선을 의미하는가?

① UVA
② UVB
③ UVC
④ IR

PA는 UVA 차단 효과를 표시한다.

43

피부의 표면 온도를 조절하는 것은?

① 땀샘
② 피지선
③ 모낭
④ 신경

땀샘이 땀을 분비해 체온을 낮춘다.

46

트러블 피부 관리 시 피해야 할 것은?

① 자극적인 마사지
② 진정 팩
③ 약산성 세정제
④ 보습제

자극은 염증을 악화시킨다.

44

혈액순환이 나쁘면 나타나는 증상은?

① 창백
② 홍조
③ 번들거림
④ 과피지

혈류 저하 시 피부가 창백하게 된다.

47

각질 제거 후 필요한 관리는?

① 보습 관리
② 알코올 도포
③ 강한 세정
④ 스크럽 반복

각질 제거 후 보습으로 보호막을 회복해야 한다.

45

모낭충이 번식하기 좋은 환경은?

① 피지 많은 부위
② 건조한 부위
③ 냉한 부위
④ 알칼리성 피부

피지 많은 부위에서 모낭충이 증식한다.

48

민감성 피부의 특징은?

① 외부 자극에 예민
② 피지 많음
③ 수분 풍부
④ 모공 큼

자극에 쉽게 붉어지고 가려움이 생긴다.

★★
49

탄력 저하 피부 개선 관리로 적절한 것은?

① 마사지
② 스크럽
③ 알코올 팩
④ 냉찜질

> 마사지는 순환을 촉진해 탄력 개선에 도움을 준다.

★★
50

여드름 피부 관리 시 금지사항은?

① 압출 남용
② 항염 관리
③ 진정팩
④ 적절한 세정

> 과도한 압출은 흉터를 유발할 수 있다.

★
51

피지 분비 조절에 도움이 되는 비타민은?

① 비타민 B6
② 비타민 A
③ 비타민 C
④ 비타민 D

> 비타민 B6는 피지 분비를 억제한다.

★★
52

피부 진정에 도움이 되는 성분은?

① 알로에
② 알코올
③ 레몬
④ 멘톨

> 알로에는 진정과 보습 효과가 있다.

★★
53

피부의 보호막을 유지하는 주요 요소는?

① 피지와 수분
② 각질과 멜라닌
③ 모공과 혈관
④ 진피와 피하조직

> 피지와 수분이 보호막을 형성해 외부 자극을 차단한다.

★★
54

세포 재생을 돕는 비타민은?

① 비타민 A
② 비타민 C
③ 비타민 D
④ 비타민 K

> 비타민 A는 표피세포의 분화를 촉진한다.

55 ⭐

자외선으로 인한 손상을 완화하는 영양소는?

☑ 비타민 C, E
② 비타민 K
③ 철분
④ 아연

> 비타민 C, E는 항산화 작용으로 자외선 손상을 억제한다.

56 ⭐⭐⭐

피지선에서 번식하여 염증성 여드름을 일으키는 세균으로 옳은 것은?

☑ 프로피오니박테리움 아크네스
② 포도상구균
③ 대장균
④ 효모균

> 프로피오니박테리움 아크네스는 피지선 내에서 증식하며 염증성 여드름의 주요 원인균으로 작용한다.

57 ⭐⭐⭐

피부 노화 방지 관리법으로 적절한 것은?

☑ 자외선 차단, 항산화 관리
② 강한 마찰
③ 잦은 세정
④ 알코올 사용

> 자외선 차단과 항산화가 피부 노화를 예방한다.

58 ⭐⭐⭐

피부 재생 주기는 일반적으로 며칠인가?

☑ 약 28일
② 약 14일
③ 약 45일
④ 약 7일

> 표피 세포는 약 28일 주기로 교체된다.

59 ⭐

피부의 정상 온도 범위는?

☑ 약 31~34℃
② 25℃ 이하
③ 37℃ 이상
④ 20℃ 전후

> 피부 표면은 체온보다 약간 낮다.

60 ⭐⭐

건강한 피부 상태의 기본 조건은?

☑ 윤기, 탄력, 수분, 균일한 색
② 건조, 거침, 주름, 색소
③ 피지 과다, 홍조, 각질
④ 모공 확장, 유분 증가

> 건강한 피부는 촉촉하고 균일한 색을 가진다.

PART

03

파이널 CBT
실전모의고사

파이널 CBT 실전모의고사 1회

자격종목	시험시간	문항수	점수
미용사(피부) 필기	60분	60문항	

답안표기란

01	① ② ③ ④
02	① ② ③ ④
03	① ② ③ ④
04	① ② ③ ④

★★★
01 진피층을 이루는 주요 요소 중, 세포 사이에 존재하는 젤리와 같은 물질로, 주로 히알루론산과 프로테오글리칸으로 구성되어 피부의 수분 유지와 탄성에 가장 중요한 역할을 하는 것은?

① 콜라겐 섬유
② 탄력 섬유
③ 모세혈관
④ 기질

★★
02 얼굴 관리 시 매뉴얼 테크닉 중, 턱 관절 주변의 긴장을 완화하는 데 주력하는 이유는?

① 턱 근육이 긴장되면 안면부의 림프 순환이 원활하지 않기 때문이다.
② 턱 근육은 안면 신경을 보호하는 역할을 하기 때문이다.
③ 턱 관절을 이완시키면 피부의 멜라닌 생성이 억제되기 때문이다.
④ 턱 관절은 얼굴 전체의 감각을 담당하는 중추이기 때문이다.

★★
03 공중위생관리법상 미용 기구 소독 시 사용하는 건열 멸균법의 장점으로 가장 적합하지 않은 것은?

① 칼날 등 날카로운 금속 기구의 부식 우려가 적다.
② 유리, 도자기 등 열에 강한 기구 소독에 효과적이다.
③ 고압 증기 멸균법보다 미생물의 아포 사멸 시간이 짧다.
④ 습기에 약한 기구 소독에 유용하다.

★★★
04 초음파 기기를 사용하여 피부 관리 시 발생하는 주요 효과로, 조직 내부의 마찰열을 발생시켜 혈액 순환 및 세포 활성화에 도움을 주는 작용은?

① 압전 효과
② 기계적 진동
③ 열 작용
④ 미세 박피 작용

05 기능성 화장품에 사용되는 성분 중, '아데노신'이 주로 발휘하는 기능성 효과는 무엇이며, 이 성분이 세포 내에서 어떤 역할을 하는가?

① 미백 효과 - 멜라닌 생성 세포 억제
② 주름 개선 효과 - 섬유아세포 증식 및 콜라겐 합성 촉진
③ 자외선 차단 효과 - 물리적 차단막 형성
④ 여드름 완화 효과 - 피지 분비 억제

06 고대 로마의 목욕탕 문화인 테르메에서 피부 미용사들이 시술했던 방법으로 가장 거리가 먼 것은?

① 목욕 후 오일과 아로마를 이용한 전신 마사지
② 운동 후 땀을 닦아내는 스크래퍼 사용
③ 피부의 묵은 각질을 제거하는 딥 클렌징
④ 현대적인 전기 장비를 이용한 이온 영동법

07 피부 노화의 주요 특징 중 하나인 진피층의 변화로, 콜라겐 섬유와 탄력 섬유의 변성과 감소가 가장 큰 원인이 되는 것은?

① 멜라닌 색소의 과다 침착
② 표피층의 두께 증가
③ 피부의 장력 및 탄력성 저하로 인한 주름 발생
④ 피지선의 기능 활성화

08 얼굴 관리 시 림프 드레나쥐 테크닉을 적용할 때, 턱선을 따라 노폐물을 모아 최종적으로 쇄골 상부의 정맥과 만나는 림프절 집합체는?

① 후두 림프절
② 이개 림프절
③ 심부 경부 림프절
④ 하악 림프절

09 공중위생관리법상 영업자가 준수해야 할 위생관리기준 중, 1회용 면도기를 재사용하는 행위에 대해 규정하고 있는 것은?

① 시설 및 설비 기준
② 미용 기구 소독 및 청결 유지 기준
③ 영업자 및 종사자의 건강 관리 기준
④ 영업 신고 및 변경 신고 기준

10 이온토포레시스 기기를 사용하여 비타민 C 유도체(음이온 성분)를 피부에 투입하고자 할 때, 고객에게 쥐여주는 전극과 관리사가 사용하는 핸드피스의 전극은 각각 어떻게 설정해야 하는가?

① 고객 양극, 관리사 음극
② 고객 음극, 관리사 양극
③ 고객 음극, 관리사 음극
④ 고객 양극, 관리사 양극

답안표기란				
05	①	②	③	④
06	①	②	③	④
07	①	②	③	④
08	①	②	③	④
09	①	②	③	④
10	①	②	③	④

11 화장품 성분 중, 폴리에틸렌 글리콜에 대한 설명으로 가장 옳은 것은?

① 피부에 안전한 물리적 자외선 차단 성분이다.
② 피부 흡수를 촉진하는 계면활성제 및 용매로 사용된다.
③ 아토피성 피부염 치료에 효과적인 스테로이드 성분이다.
④ 화장품의 점도를 증가시키는 무기 증점제 성분이다.

12 피부 관리 계획 수립 시 지성 피부의 관리 목표로 가장 적합한 것은?

① 수분 손실을 막기 위해 유분 보호막을 두껍게 형성
② 피지선의 활동을 억제하고 염증 예방 및 모공 수축에 집중
③ 표피의 턴오버 주기를 의도적으로 단축
④ 진피층의 탄력 증진을 위한 고강도 매뉴얼 테크닉 적용

13 피부의 감각 수용체 중, 통증 감각만을 전담하여 느끼며, 다른 피부 감각에 비해 자유 신경 종말 형태로 존재하는 것은?

① 파치니 소체
② 마이스너 소체
③ 루피니 소체
④ 자유 신경 종말

14 인체의 기관계 중, 피부의 멜라닌 생성을 촉진하거나 피지 분비를 조절하는 호르몬을 분비하여 피부 상태에 가장 큰 영향을 미치는 계통은?

① 순환기 계통
② 내분비 계통
③ 근육 계통
④ 비뇨기 계통

15 공중위생관리법상 면허 정지 처분을 받은 미용사가 그 기간 중 계속해서 미용업을 영위하다 적발되었을 때, 받을 수 있는 추가 행정 처분은?

① 영업장 폐쇄 명령
② 영업 정지 기간 연장
③ 500만원 이하의 과태료 부과
④ 즉시 자격증 재교부 심사

16 필링이나 딥 클렌징 후 토너 적용 전에 잔여물 제거 및 피부 표면 정리를 위해 미스트 형태로 수분을 공급하며, 오존을 발생시키지 않아 민감 피부에도 사용 가능한 기기는?

① 스티머
② 스프레이 & 토너
③ 브러시
④ 갈바닉

답안표기란				
11	①	②	③	④
12	①	②	③	④
13	①	②	③	④
14	①	②	③	④
15	①	②	③	④
16	①	②	③	④

17 자외선 차단제에 사용되는 성분 중, 이산화티타늄과 산화아연의 공통적인 특징은?

① 피부 깊숙이 흡수되어 자외선을 화학적으로 분해한다.
② 피부 표면에 물리적인 보호막을 형성하여 자외선을 반사·산란시킨다.
③ 물에 잘 녹아 투명하고 산뜻한 사용감을 준다.
④ 자외선 B는 차단하지만 자외선 A는 차단하지 못한다.

18 매뉴얼 테크닉의 주된 효과 중, 가장 먼저 나타나며 신경계에 직접적인 영향을 미치는 효과는?

① 근육의 수축 및 이완을 통한 체형 교정 효과
② 혈액 및 림프 순환 촉진을 통한 노폐물 배출 효과
③ 신경 이완 및 안정화를 통한 심신 진정 효과
④ 피부 온도 상승을 통한 유효 성분 흡수 촉진 효과

19 피부의 모발을 둘러싸고 있는 주머니 모양의 구조물로, 모발의 성장에 필수적인 혈관과 신경이 위치한 곳은?

① 모간
② 모구
③ 모유두
④ 피지선

20 얼굴 마사지 시 목과 어깨의 긴장을 풀기 위해 반드시 이완시켜야 하며, 스트레스나 자세 문제로 인해 가장 쉽게 긴장되어 두통까지 유발할 수 있는 근육은?

① 대흉근
② 승모근
③ 광배근
④ 삼각근

21 공중위생관리법상 영업자가 준수해야 할 위생관리기준 중, 청결 유지 및 위생 관리에 가장 기본적인 요소에 대한 설명으로 가장 옳은 것은?

① 모든 기구는 사용 즉시 고압 증기 멸균을 해야 한다.
② 1회용 기구는 재활용하여 사용한 후 소독해야 한다.
③ 소독을 한 기구는 소독된 용기에 보관해야 한다.
④ 고객이 요구하면 사용한 타월을 즉시 재사용할 수 있다.

22 고주파 기기를 사용하여 피부 관리 시 발생하는 열이 유발하는 주요 효과로 가장 거리가 먼 것은?

① 피부 조직의 심부열 발생으로 혈액 및 림프 순환 촉진
② 콜라겐 섬유의 수축을 유도하여 탄력 증진
③ 피부 표면의 온도를 급격히 낮춰 모공을 수축 및 진정
④ 지방 세포의 대사 활동을 증가시켜 분해 촉진

답안표기란				
17	①	②	③	④
18	①	②	③	④
19	①	②	③	④
20	①	②	③	④
21	①	②	③	④
22	①	②	③	④

23 클렌징 제품 중, 건성 피부나 민감성 피부에 적합하며 피부 자극을 최소화하면서 노폐물과 메이크업을 녹여 제거하는 방식의 제품은?

① 클렌징 폼
② 클렌징 오일
③ 클렌징 젤
④ 클렌징 워터

24 피부 관리실에서 사용하는 딥 클렌징 방법 중, 효소의 단백질 분해 작용을 이용하여 각질을 제거하며, 민감성 피부에도 비교적 안전하게 사용할 수 있는 방법은?

① 스크럽
② 고마쥐
③ 효소 딥 클렌징
④ AHA 필링

25 피부의 표피층 중, 각질 형성 세포의 분열이 가장 활발하며, 멜라닌 세포가 위치하여 피부색을 결정하는 중요한 기능을 수행하는 층은?

① 투명층
② 과립층
③ 유극층
④ 기저층

26 인체의 팔 관리를 할 때, 노폐물 배출을 위해 가장 먼저 자극하고 이완시켜야 하는 림프절 집합체는?

① 액와 림프절
② 서혜 림프절
③ 슬와 림프절
④ 경부 림프절

27 공중위생관리법상 영업자가 위생교육을 받아야 하는 시기로 옳은 것은?

① 영업 신고를 한 날부터 1년이 되는 날까지
② 매년 12월 31일까지
③ 영업 신고를 하기 전 또는 영업 개시 후 6개월 이내
④ 영업 신고 수리 후 3개월 이내

28 피부 관리 시 사용하는 스티머의 기능 중, 수증기의 온열 효과 외에 노폐물 제거에 간접적으로 도움을 주는 것은?

① 고주파를 이용한 살균 작용
② 오존 발생을 통한 모공 확장 및 살균 작용
③ 진동을 이용한 모낭의 각질 제거
④ 자외선을 이용한 피지 분비 억제

29 화장품 제형 중, 물 속에 오일 입자가 분산된 형태로, 사용감이 가볍고 산뜻하여 일반적인 로션, 에센스 등에 주로 사용되는 형태는?

① W/O 에멀젼
② O/W 에멀젼
③ 서스펜션
④ 분말

답안표기란				
23	①	②	③	④
24	①	②	③	④
25	①	②	③	④
26	①	②	③	④
27	①	②	③	④
28	①	②	③	④
29	①	②	③	④

30 고객의 피부 상태를 진단할 때, 피부 표면의 유분량 측정보다 더 중요하게 파악해야 하며, 계절 변화에 따라 가장 민감하게 변하는 피부 상태 요인은?

① 피부톤
② 피부 온도
③ 피부 수분 함량
④ 피부 두께

31 피부의 부속기관 중, 주로 손바닥, 발바닥에 집중적으로 분포하며 땀의 증발열을 통해 체온 조절에 가장 중요한 역할을 하는 땀샘은?

① 피지선
② 아포크린 땀샘
③ 에크린 땀샘
④ 모낭

32 전신 관리 시, 복부를 시계 방향으로 마사지하는 이유를 가장 잘 설명하는 인체의 기관계는?

① 호흡기 계통
② 비뇨기 계통
③ 소화기 계통
④ 순환기 계통

33 공중위생관리법상 영업 신고를 한 자가 영업장 면적의 2분의 1을 증축하려고 할 때, 시장·군수·구청장에게 신고해야 할 기한은?

① 증축일로부터 7일 이내
② 증축일로부터 15일 이내
③ 증축하기 전 미리
④ 별도의 신고 기한 없음

34 갈바닉 전류를 이용한 피부 관리 시, 피부를 통해 인체에 흐르는 직류 전류의 특징으로 옳은 것은?

① 교류 전류와 달리 극성이 변화하여 피부에 자극이 적다.
② 직류 전류는 극성 변화 없이 일정한 방향으로 흐른다.
③ 양극은 산성 반응을 일으켜 피부 진정 및 수렴 작용을 한다.
④ 음극은 혈관 수축 및 신경 진정 작용을 한다.

35 화장품 성분 중, 피부에 산뜻한 사용감을 부여하고 에센스, 토너, 마스크 등의 제형 안정성을 높이는 데 주로 사용되는 수용성 고분자 물질은?

① 실리콘 오일
② 카보머
③ 파라핀
④ 미네랄 오일

36 고객의 주관적 만족도를 높이는 데 가장 큰 영향을 미치는 요인이며, 피부 관리의 시작과 끝에 반드시 포함되어야 할 서비스 요소는?

① 고가의 기능성 화장품 사용
② 피부 분석 기기를 통한 정밀 진단
③ 고객과의 충분한 소통 및 친절한 응대
④ 관리실 내부의 조명 밝기 조절

답안표기란	
30	① ② ③ ④
31	① ② ③ ④
32	① ② ③ ④
33	① ② ③ ④
34	① ② ③ ④
35	① ② ③ ④
36	① ② ③ ④

37 ★ 피부의 상처가 치유되는 과정 중, 섬유아세포가 활성화되어 새로운 콜라겐과 혈관을 만들어 손상된 부위를 채워 넣는 조직을 형성하는 시기는?

① 염증기
② 증식기
③ 재형성기
④ 착색기

38 ★★ 발과 종아리 관리를 할 때, 정맥류가 있는 고객에게 압을 가하는 마사지를 금지하거나 주의해야 하는 가장 중요한 이유는?

① 정맥류 부위에 압이 가해지면 통증이 심해지기 때문
② 정맥류 혈관이 파열되어 출혈을 일으킬 위험이 있기 때문
③ 림프액 순환을 방해하여 부종을 악화시키기 때문
④ 피부 멜라닌 생성을 촉진하여 착색을 유발하기 때문

39 ★★★ 공중위생관리법상 미용사 면허증 대여 행위에 대한 행정 처분 기준으로 옳은 것은?

① 1차 위반: 면허 취소
② 1차 위반: 면허 정지 6개월
③ 2차 위반: 영업장 폐쇄
④ 2차 위반: 면허 정지 1년

40 ★★★ 초음파 기기의 피부 관리 적용 시, 조직 내부의 마찰열을 발생시키지 않는 경우의 주된 효과는?

① 화학적 박피 효과
② 미세 진동에 의한 물리적 마사지 효과
③ 오존 발생을 통한 살균 효과
④ 전기적 자극을 통한 근육 수축 효과

41 ★★ 화장품을 보관할 때 발생할 수 있는 '화장품 변질'의 주요 원인이 아닌 것은?

① 미생물에 의한 오염
② 온도 및 습도의 급격한 변화
③ 화장품 내 유효 성분의 pH 변화
④ 화장품 내 무기 안료의 침전

42 ★★ 화장품의 대표적인 산화 방지제 성분인 '토코페롤'에 대한 설명으로 틀린 것은?

① 지용성 비타민 E의 일종이다.
② 화장품 내 유성 성분의 산화를 막아 변질을 억제한다.
③ 피부에 항산화 작용을 하여 노화 방지에 도움을 준다.
④ 피부에 도포 시 자외선 B를 차단하는 기능성 효과가 있다.

답안표기란				
37	①	②	③	④
38	①	②	③	④
39	①	②	③	④
40	①	②	③	④
41	①	②	③	④
42	①	②	③	④

43 고객 상담 시 '지성 건조 피부'를 가진 고객의 특징을 가장 정확하게 설명한 것은?

① 표면은 건조하여 각질이 일어나지만, 진피층에는 수분이 부족하다.
② 표면은 피지 분비가 왕성하고, 속 피부는 수분 부족이 심한 상태이다.
③ 피지 분비가 적고, 모공이 좁으며, 유분과 수분 모두 부족한 상태이다.
④ T존은 지성, U존은 건성인 복합성 피부의 일종이다.

44 색소 침착 질환 중, 자외선 노출에 의해 악화되고 임신 및 경구 피임약 복용 등의 호르몬 변화에 가장 민감하게 반응하여 대칭적인 형태로 나타나는 것은?

① 주근깨
② 검버섯
③ 기미
④ 백반증

45 림프 드레나쥐 테크닉 중, 쇄골 위 움푹 들어간 곳에 압을 가하는 최종 목적은?

① 림프절에 고인 림프액을 직접 짜내기 위함
② 림프관의 움직임을 활성회하여 림프액의 배출을 촉진하기 위함
③ 근육의 긴장을 이완시켜 통증을 완화하기 위함
④ 동맥을 압박하여 혈압을 낮추기 위함

46 공중위생영업자가 보건복지부령으로 정하는 '위생관리의무'를 준수하지 않아 1차 위반으로 개선 명령을 받았을 경우, 개선 명령을 이행해야 하는 기한은?

① 7일 이내
② 10일 이내
③ 1개월 이내
④ 3개월 이내

47 화장품의 유효 성분을 '나노 기술'을 이용하여 제조했을 때 기대할 수 있는 효과로 가장 거리가 먼 것은?

① 유효 성분의 피부 흡수율 증가
② 성분의 안정성 향상 및 산화 방지
③ 화장품 제형의 투명도 증가
④ 성분의 입자 크기가 작아져 피부 자극 최소화

48 피부 노화의 주요 특징 중 하나인 진피층의 변화로 인해 나타나는 현상으로, 콜라겐 섬유와 탄력 섬유의 변성과 감소가 가장 큰 원인이 되는 것은?

① 멜라닌 색소의 과다 침착
② 표피층의 두께 증가
③ 피부의 장력 및 탄력성 저하로 인한 주름 발생
④ 피지신의 기능 활성화

답안표기란				
43	①	②	③	④
44	①	②	③	④
45	①	②	③	④
46	①	②	③	④
47	①	②	③	④
48	①	②	③	④

49 미용 기구 소독 시 사용하는 '자외선 소독기'에 대한 설명으로 옳은 것은?

① 모든 종류의 미생물 아포까지 완벽하게 사멸시킬 수 있다.
② 소독 대상 기구는 자외선이 직접 닿을 수 있도록 소독기에 넣어야 효과가 있다.
③ 소독 후 건조 과정이 필요하므로 습기가 많은 기구 소독에 유리하다.
④ 피부에 직접 닿는 기구의 살균보다는 공간 소독에 더 적합하다.

50 미용업 영업자가 위생교육을 받아야 하는 시기로 옳은 것은?

① 영업 신고를 한 날부터 1년이 되는 날까지
② 매년 12월 31일까지
③ 영업 신고를 하기 전 또는 영업 개시 후 6개월 이내
④ 영업 신고 수리 후 3개월 이내

51 러버 마스크나 석고 마스크 사용 전, 에센스나 앰플을 바른 후 피부에 랩을 씌우는 행위의 목적을 기기의 밀폐 작용과 연관하여 설명한 것은?

① 랩이 마스크의 무게를 지탱하여 처짐을 방지한다.
② 랩이 마스크의 온도를 낮춰 피부 진정 효과를 높인다.
③ 랩을 통해 마스크의 밀폐 효과를 더욱 강화하여 유효 성분의 침투를 높인다.
④ 랩을 사용하여 마스크 제거 시 피부에 묻는 잔여물을 줄인다.

52 얼굴 마사지 시 경추 부위를 관리하는 주된 목적은 경추 주변의 어떤 구조물을 이완시켜 두부로 가는 혈액 순환을 개선하는 것인가?

① 척수
② 추골동맥
③ 쇄골
④ 흉쇄유돌근

53 피부의 피지선에서 분비되어 모발과 피부 표면을 코팅하고, 외부 환경으로부터 피부를 보호하는 약산성 막을 형성하는 것은?

① 콜라겐
② 멜라닌
③ 피지
④ 히알루론산

54 피부의 표피층 중, 세포 내부에 케라토하이알린 과립이 나타나기 시작하며, 각질화 과정이 실질적으로 시작되는 층은?

① 기저층
② 유극층
③ 과립층
④ 투명층

답안표기란				
49	①	②	③	④
50	①	②	③	④
51	①	②	③	④
52	①	②	③	④
53	①	②	③	④
54	①	②	③	④

55 손을 이용한 전신 관리 시, 복부 마사지를 시계 방향으로 시행하는 이유와 가장 관련이 깊은 소화 기관의 순환 방향은?

① 위의 소화 방향
② 소장의 연동 운동 방향
③ 대장의 연동 운동 방향
④ 간의 해독 작용 방향

56 피부 관리 시 사용하는 램프 중, 육안으로 구별하기 어려운 피부 상태, 특히 피지의 과다 분비로 인한 유분이나 수분 부족 등을 형광색으로 관찰할 수 있게 해주는 기기는?

① 확대경 램프
② 적외선 램프
③ 우드 램프
④ 자외선 소독기

57 미용업소에서 발생 가능한 감염병 중, 세균성 질환이며 피부의 농포, 종기 등을 유발할 수 있어 기구 소독이 매우 중요한 것은?

① 무좀
② 포도상구균 감염증
③ 단순 포진
④ 후천성 면역결핍증

58 피부의 진피층에서 콜라겐과 탄력 섬유를 생산하고 피부 재생의 핵심적인 역할을 수행하는 세포는?

① 멜라닌 세포
② 각질 형성 세포
③ 섬유아세포
④ 랑게르한스 세포

59 공중위생관리법상 영업자가 영업 정지 1개월의 행정 처분을 받은 후, 1년 이내에 동일한 위반 행위를 반복했을 때 받을 수 있는 추가 행정 처분은?

① 경고
② 영업 정지 2개월
③ 영업장 폐쇄 명령
④ 영업 정지 3개월

60 화장품에 첨가되는 색소 중, 유기 색소에 비해 안정성이 높고 발색력이 약하며, 주로 '마이카', '탤크' 등의 형태로 사용되는 것은?

① 합성 색소
② 무기 색소
③ 천연 색소
④ 타르 색소

답안표기란				
55	①	②	③	④
56	①	②	③	④
57	①	②	③	④
58	①	②	③	④
59	①	②	③	④
60	①	②	③	④

파이널 CBT 실전모의고사 2회

자격종목	시험시간	문항수	점수
미용사(피부) 필기	60분	60문항	

답안표기란				
01	①	②	③	④
02	①	②	③	④
03	①	②	③	④
04	①	②	③	④

★★★
01 피부 표피층 중, 세포가 납작해지면서 핵과 세포 소기관들이 소실되고 케라토하이알린 과립이 형성되어 각질층으로의 전환을 준비하는 층은?

① 기저층
② 유극층
③ 과립층
④ 투명층

★★
02 얼굴 마사지 시 눈가 주변을 관리할 때, 눈을 둘러싸고 있는 근육으로 눈을 감거나 찡그리는 역할을 하는 근육은?

① 추미근
② 비근
③ 안륜근
④ 구륜근

★★★
03 공중위생관리법상 영업자가 미용업 영업 신고 시 갖추어야 할 시설 및 설비 기준 중, 위생관리와 직접적인 관련이 없는 것은?

① 급수 및 배수 설비를 갖춘다.
② 미용 기구 소독을 위한 설비 또는 기구를 갖춘다.
③ 영업소의 조명도 및 환기 상태를 적절히 유지한다.
④ 영업소 외의 장소에서는 미용업무를 할 수 없다.

★★★
04 피부 관리실에서 사용하는 이온토포레시스 기기의 작용 원리를 가장 잘 설명하는 것은?

① 교류 전류를 이용해 근육의 수축과 이완을 유도한다.
② 직류 전류를 이용해 유효 성분의 이온을 피부 속으로 이동시킨다.
③ 고주파 전류를 이용해 심부열을 발생시켜 혈액 순환을 촉진한다.
④ 초음파의 미세 진동으로 유효 성분을 진피층까지 침투시킨다.

05 화장품에 사용되는 성분 중, 미백 기능성 고시 성분으로 멜라닌 생성을 억제하여 색소 침착을 완화하는 데 주로 사용되는 것은?

① 아데노신
② 레티놀
③ 알부틴
④ 토코페롤

06 고대 그리스 시대의 미용 문화에 대한 설명으로 옳은 것은?

① 공중목욕탕인 테르메를 중심으로 마사지가 발달했다.
② 마사지는 주로 건강 증진 및 운동 전후 근육 이완을 목적으로 했다.
③ 종교적인 이유로 목욕이 금지되어 있었다.
④ 화려한 가발과 색조 화장이 성행했다.

07 피부의 진피층을 구성하는 주요 요소 중, 피부의 장력을 담당하며 피부를 지탱하는 가장 두꺼운 단백질 섬유는?

① 탄력 섬유
② 콜라겐 섬유
③ 망상 섬유
④ 기질

08 림프 드레나쥐 테크닉을 적용할 때, 노폐물이 모이는 림프절을 자극할 때의 압력으로 가장 적절한 것은?

① 뼈를 압박할 정도로 강한 압력
② 근육을 주무르는 정도의 중간 압력
③ 피부 표면을 가볍게 늘이는 정도의 약한 압력
④ 혈관을 눌러 혈류를 차단할 정도의 압력

09 공중위생관리법상 영업자가 준수해야 할 위생관리기준 중, 1회용 면도기의 사용 및 관리에 대한 규정으로 옳은 것은?

① 사용 후 소독하여 재사용할 수 있다.
② 재사용이 원칙적으로 금지되며, 사용 후 즉시 폐기해야 한다.
③ 고객의 동의가 있을 경우 소독 후 재사용할 수 있다.
④ 영업 신고 시 해당 사항에 대한 신고를 생략할 수 있다.

10 갈바닉 기기의 음극(−)을 피부에 적용했을 때 나타나는 생리적 작용으로 옳은 것은?

① 피부 조직 수축 및 진정
② 혈관 수축 및 신경 안정
③ 피부 조직 이완 및 모공 확장
④ 산성 반응 유도 및 수렴 효과

답안표기란	
05	① ② ③ ④
06	① ② ③ ④
07	① ② ③ ④
08	① ② ③ ④
09	① ② ③ ④
10	① ② ③ ④

11 화장품에 사용되는 성분 중, 피부의 투명도를 높이고 멜라닌 색소의 이동을 억제하여 미백 기능성을 발휘하며, 수용성 비타민 B3에 해당하는 것은?

① 알부틴
② 나이아신아마이드
③ 아데노신
④ 토코페릴아세테이트

12 피부 유형 진단 시 수분 부족 지성 피부를 가진 고객의 특징을 가장 정확하게 설명한 것은?

① 표면은 건조하고 각질이 일어나며, 속은 유분도 부족한 상태이다.
② 표면은 유분 분비가 많아 번들거리지만, 속은 수분 부족으로 당김을 느낀다.
③ T존만 번들거리고 U존은 건조한 전형적인 복합성 피부이다.
④ 모공이 좁고 피부가 얇아 쉽게 붉어지며, 자극에 민감하다.

13 피부의 피지선에서 분비되는 피지의 주된 성분으로 가장 많은 비중을 차지하는 것은?

① 콜레스테롤
② 왁스 에스터
③ 트리글리세라이드
④ 스쿠알렌

14 해부생리학적으로 체내의 노폐물과 독소를 제거하는 순환계통으로, 정맥계와 함께 작용하며 림프액을 심장 방향으로 이동시키는 계통은?

① 동맥계
② 림프계
③ 신경계
④ 내분비계

15 공중위생관리법상 미용업 영업 신고자가 영업 신고를 한 후, 다음 중 변경 신고 대상에 해당하지 않는 것은?

① 영업소의 명칭 또는 상호를 변경한 경우
② 영업장 면적의 1/3을 증축한 경우
③ 영업소의 주소지를 변경한 경우
④ 미용업 종사자의 수가 변경된 경우

16 피부 관리실에서 사용하는 브러시 기기에 대한 설명으로 옳은 것은?

① 직류 전류를 이용하여 각질 제거 효과를 높인다.
② 기계적 마찰을 이용하여 딥 클렌징 효과를 부여한다.
③ 고주파를 이용하여 살균 및 소독 작용을 한다.
④ 초음파 진동을 이용하여 피지와 노폐물을 유화시킨다.

답안표기란				
11	①	②	③	④
12	①	②	③	④
13	①	②	③	④
14	①	②	③	④
15	①	②	③	④
16	①	②	③	④

★★★
17 무기계 자외선 차단 성분인 산화아연의 특징으로 옳은 것은?

① 피부에 흡수되어 자외선을 열에너지로 바꾼다.
② 피부 자극이 적어 민감성 피부에 사용이 용이하다.
③ 자외선 B만 선택적으로 차단한다.
④ 유기계 차단 성분에 비해 사용감이 산뜻하고 백탁 현상이 없다.

★★
18 피부 관리 시 매뉴얼 테크닉의 생리적 효과로 가장 거리가 먼 것은?

① 혈액 및 림프 순환 촉진
② 근육 이완 및 긴장 해소
③ 피지선 활동의 강력한 억제
④ 피부 온도 상승 및 신진대사 촉진

★★
19 피부 표피층 중, 세포 간의 간격이 넓어지며 세포들이 서로 가시처럼 연결되어 보이는 층은?

① 기저층
② 유극층
③ 과립층
④ 투명층

★★
20 해부생리학적으로 정맥 순환을 돕기 위해 마사지 시 팔다리 관리를 심장 방향으로 하는 이유를 가장 잘 설명하는 것은?

① 동맥 혈관이 심장 쪽으로 흐르기 때문이다.
② 림프관이 심장에서 먼 방향으로 흐르기 때문이다.
③ 정맥 내에 존재하는 판막 때문이다.
④ 근육의 수축력을 높여야 하기 때문이다.

★★★
21 공중위생관리법상 미용사 면허가 반드시 취소되어야 하는 사유는?

① 면허 정지 기간 중 미용업을 계속한 경우
② 미용사의 품위를 손상하는 행위를 한 경우
③ 면허를 타인에게 대여한 경우
④ 미용사 면허를 취득한 후 2년 이상 미용 업무에 종사하지 않은 경우

★★★
22 피부 관리실에서 사용하는 스킨 스크러버 기기에 대한 설명으로 옳은 것은?

① 직류 전류를 이용해 각질을 녹여 제거한다.
② 고주파의 심부열을 이용해 피지를 분해한다.
③ 초음파의 미세 진동으로 피지와 각질을 분리하여 제거한다.
④ 오존을 발생시켜 살균 및 소독 작용을 한다.

★
23 화장품에 사용되는 성분 중, 피부에 산뜻하고 가벼운 사용감을 부여하며, 제형의 발림성을 향상시키지만, 유분감이 없어 건성 피부에는 보습력이 부족할 수 있는 것은?

① 미네랄 오일
② 실리콘 오일
③ 바세린
④ 라놀린

답안표기란				
17	①	②	③	④
18	①	②	③	④
19	①	②	③	④
20	①	②	③	④
21	①	②	③	④
22	①	②	③	④
23	①	②	③	④

24 피부 관리 시작 전 피부 분석 단계에서 고객에게 반드시 확인해야 할 민감성 관련 정보는?

① 흡연 여부
② 특정 화장품 성분에 대한 알레르기 반응 여부
③ 평소 운동 습관
④ 수면 시간

25 피부의 피하 조직에 대한 설명으로 옳은 것은?

① 주로 섬유아세포로 이루어져 있으며 피부의 탄력을 담당한다.
② 피부의 가장 바깥층으로 외부 환경으로부터 피부를 보호한다.
③ 대부분 지방 세포로 이루어져 있어 체온 조절 및 충격 완충 역할을 한다.
④ 모세혈관과 신경이 가장 조밀하게 분포하여 영양을 공급한다.

26 인체의 손 관리를 할 때, 노폐물 배출을 위해 가장 먼저 자극해야 하는 림프절 집합체는?

① 경부 림프절
② 서혜 림프절
③ 액와 림프절
④ 슬와 림프절

27 공중위생관리법상 영업자가 위생관리의무를 위반하여 1차 위반으로 개선 명령을 받은 후, 지정된 기간 내에 이를 이행하지 않았을 때 받을 수 있는 행정 처분은?

① 경고
② 영업 정지 1개월
③ 영업장 폐쇄 명령
④ 영업 정지 3개월

28 피부 관리 시 적외선 램프를 사용하는 주된 목적은?

① 자외선을 이용하여 피부의 상태를 진단한다.
② 피부에 열을 가하여 혈액 순환 및 신진대사를 촉진한다.
③ 오존 발생으로 살균 작용을 한다.
④ 강한 빛을 이용하여 피부 깊은 곳의 색소를 제거한다.

29 화장품 제형 중, 유분감이 많아 보습력이 강하며 오일 속에 물방울이 분산된 형태로, 주로 고보습 영양 크림 등에 사용되는 형태는?

① O/W 에멀젼
② W/O 에멀젼
③ 서스펜션
④ 용액

답안표기란				
24	①	②	③	④
25	①	②	③	④
26	①	②	③	④
27	①	②	③	④
28	①	②	③	④
29	①	②	③	④

30 피부 관리의 기본 단계 중, 클렌징 및 딥 클렌징 후 토너를 사용하는 주된 목적으로 가장 거리가 먼 것은?

① 세안 후 높아진 피부의 pH를 약산성으로 빠르게 회복시킨다.
② 남아있는 노폐물 잔여물을 제거하고 피부 결을 정돈한다.
③ 다음 단계의 매뉴얼 테크닉에 필요한 유분감을 부여한다.
④ 모공을 일시적으로 수축하고 피부를 진정시킨다.

31 피부의 모발이 휴지기에 진입했을 때 나타나는 현상으로 옳은 것은?

① 모발 성장이 활발하게 일어나며 모모 세포가 증식한다.
② 모모 세포의 분열이 중단되고 모발이 빠질 준비를 한다.
③ 모낭이 수축하고 모유두가 모근으로부터 완전히 분리된다.
④ 모발의 멜라닌 생성이 가장 활발하게 일어난다.

32 인체의 복부 마사지 시, 장운동 촉진을 목적으로 했을 때 가장 효율적인 마사지 방향은?

① 시계 방향으로 원을 그리며 마사지한다.
② 시계 반대 방향으로 원을 그리며 마사지한다.
③ 척추를 중심으로 좌우 대칭으로 압박한다.
④ 배꼽을 중심으로 방사형으로 문지른다.

33 공중위생관리법상 미용사 면허가 정지될 수 있는 사유로 옳은 것은?

① 면허를 타인에게 대여한 경우
② 면허 정지 기간 중 미용업을 계속한 경우
③ 면허증을 분실하여 재교부를 신청한 경우
④ 미용사의 품위를 손상하는 행위를 한 경우

34 갈바닉 전류를 이용한 피부 관리 시, 음극(-)을 통해 피부 깊숙이 침투시키기에 가장 적합한 유효 성분은?

① 레티놀(비타민 A, 중성)
② 비타민 C 유도체(음이온)
③ 콜라겐(고분자 단백질)
④ 수렴 효과가 있는 성분(양이온)

35 화장품에 사용되는 성분 중, 강력한 밀폐 작용을 통해 수분 증발을 효과적으로 차단하지만, 모공을 막아 여드름을 유발할 수 있다는 우려가 있어 지성 피부에 주의해야 하는 유성 성분은?

① 히알루론산
② 글리세린
③ 미네랄 오일
④ 스쿠알란

답안표기란				
30	①	②	③	④
31	①	②	③	④
32	①	②	③	④
33	①	②	③	④
34	①	②	③	④
35	①	②	③	④

36 피부 관리 시 고객 차트(기록 카드)를 작성하는 주된 목적이 아닌 것은?

① 고객의 피부 상태 변화 및 관리 이력을 체계적으로 관리한다.
② 고객의 과거 병력 및 생활 습관을 파악하여 맞춤 관리를 계획한다.
③ 관리 후 부작용 발생 시 법적 대응을 위한 증거 자료를 확보한다.
④ 관리사의 능력과 기술을 고객에게 효과적으로 홍보한다.

37 피부의 상처 치유 과정 중, 혈관 수축과 혈액 응고가 일어나 출혈을 멈추고 손상 부위를 봉합하는 시기는?

① 염증기
② 증식기
③ 재형성기
④ 착색기

38 해부생리학적으로 림프액에 대한 설명으로 옳은 것은?

① 심장의 수축력을 통해 전신을 순환한다.
② 주로 혈액의 산소와 영양분을 운반하는 역할을 한다.
③ 조직 세포의 노폐물과 독소, 면역 세포를 운반하는 역할을 한다.
④ 동맥을 통해 전신을 순환하며 판막이 없다.

39 공중위생관리법상 영업자가 준수해야 할 위생관리의무 중, 피부 미용 도구 소독에 대한 규정으로 옳은 것은?

① 타월은 3일에 한 번 이상 소독하거나 세탁한다.
② 소독을 한 기구는 소독된 용기나 자외선 소독기 안에 보관해야 한다.
③ 고객의 동의가 있을 경우 면도기 재사용이 가능하다.
④ 면봉과 해면은 세척 후 햇볕에 건조하여 재사용한다.

40 피부 관리실에서 사용하는 스킨 스크러버 기기의 작용 원리인 초음파 진동에 대한 설명으로 옳은 것은?

① 고전압의 직류 전류를 발생시켜 노폐물을 태워 제거한다.
② 미세 진동으로 모공 속 피지와 각질을 물리적으로 밀어낸다.
③ 피부 깊숙이 침투하여 콜라겐 합성을 촉진한다.
④ 살균을 위해 오존을 발생시킨다.

41 화장품을 보관할 때 변질을 막기 위한 방법으로 가장 거리가 먼 것은?

① 직사광선을 피해 서늘한 곳에 보관한다.
② 사용 후 뚜껑을 즉시 닫아 공기 노출을 최소화한다.
③ 화장품에 물을 섞어 농도를 묽게 만들어 사용한다.
④ 화장품을 덜어 사용할 때 깨끗한 도구(스패츌러)를 사용한다.

답안표기란				
36	①	②	③	④
37	①	②	③	④
38	①	②	③	④
39	①	②	③	④
40	①	②	③	④
41	①	②	③	④

42 화장품의 pH에 대한 설명으로 옳은 것은?

① 대부분의 클렌징 제품은 피부에 자극이 적은 약산성(pH 5.5)이다.
② 건강한 피부 표면은 알칼리성(pH 7.0 이상)이다.
③ pH가 5.0 미만인 화장품은 피부 장벽 기능을 강화시킨다.
④ 피부 표면은 pH 4.5~6.5의 약산성일 때 가장 건강하다.

43 피부의 색소 침착 질환 중, 자외선 노출로 인해 주로 40대 이후에 발생하며, 피부 표면이 약간 두꺼워지고 갈색 또는 흑색 반점 형태로 나타나는 것은?

① 주근깨
② 기미
③ 백반증
④ 검버섯

44 얼굴 마사지 시 이마 부위를 관리할 때, 주름을 완화하기 위해 근육을 가로 방향으로 풀어주는 동작의 주된 목적은?

① 얼굴의 수직 주름을 유발하는 근육을 이완시키기 위함이다.
② 이마의 가로 주름을 유발하는 근육을 이완시키기 위함이다.
③ 눈 주변의 근육 긴장을 풀어주기 위함이다.
④ 림프액의 배출을 촉진하기 위함이다.

45 공중위생관리법상 영업소의 면적이 변경되었을 때, 시장·군수·구청장에게 신고해야 하는 기준으로 옳은 것은?

① 면적이 1/4 이상 변경된 경우에만 신고한다.
② 면적 변경에 관계없이 반드시 미리 신고해야 한다.
③ 대통령령으로 정하는 중요 사항을 변경할 경우 미리 신고해야 한다.
④ 변경일로부터 10일 이내에 신고해야 한다.

46 피부 관리실에서 사용하는 냉각 마스크의 주된 목적이 아닌 것은?

① 열감 있는 피부를 빠르게 진정시킨다.
② 확장된 모세혈관을 수축시켜 붉은 기를 완화한다.
③ 피부 조직의 이완을 촉진하여 유효 성분의 흡수를 돕는다.
④ 관리 후 일시적으로 모공을 수축시킨다.

47 화장품 성분 중, 강력한 밀폐 작용을 통해 수분 증발을 차단하고 피부를 보호하며, 자외선 차단제의 보조 성분으로도 사용되는 점성이 높은 광물성 오일은?

① 스쿠알란
② 토코페롤
③ 미네랄 오일
④ 호호바 오일

답안표기란				
42	①	②	③	④
43	①	②	③	④
44	①	②	③	④
45	①	②	③	④
46	①	②	③	④
47	①	②	③	④

48 피부 관리의 기본 단계 중, 클렌징의 주된 목적이 아닌 것은?

① 피부 표면의 먼지와 노폐물을 제거한다.
② 메이크업 잔여물을 제거하여 모공 막힘을 예방한다.
③ 피부의 턴오버 주기를 단축시켜 재생을 촉진한다.
④ 피부를 청결하게 하여 다음 단계의 유효 성분 흡수를 돕는다.

49 피부의 감각 수용체 중, 온도(특히 따뜻함) 감각을 감지하며 비교적 깊은 진피에 위치하는 것은?

① 마이스너 소체
② 파치니 소체
③ 루피니 소체
④ 크라우제 종말

50 해부생리학적으로 림프액을 운반하는 림프관의 특징으로 옳은 것은?

① 심장의 강력한 펌프 작용으로 순환한다.
② 동맥과 마찬가지로 판막이 없어 역류가 쉽다.
③ 판막이 존재하여 림프액의 역류를 막는다.
④ 림프관 내에는 적혈구가 풍부하게 존재한다.

51 공중위생관리법상 미용업 영업 신고자가 영업 신고를 한 후, 영업을 폐업했을 때 시장·군수·구청장에게 신고해야 할 기한은?

① 폐업일로부터 7일 이내
② 폐업일로부터 10일 이내
③ 폐업일로부터 20일 이내
④ 폐업일로부터 30일 이내

52 피부 관리 시 적외선 램프를 사용하는 주된 목적이 아닌 것은?

① 피부 온도 상승을 통한 혈액 순환 촉진
② 온열 효과를 통한 근육 이완
③ 피부 살균 및 소독 작용
④ 화장품 유효 성분의 흡수 촉진

53 화장품에 사용되는 성분 중, 피부 표면에 얇은 막을 형성하여 경피 수분 손실을 효과적으로 막지만, 피부에 흡수되지 않아 유분감이 남는 것이 특징인 광물성 오일은?

① 스쿠알렌
② 호호바 오일
③ 미네랄 오일
④ 식물성 에센셜 오일

54 피부의 표피층을 구성하는 주요 세포 중, 피부의 면역 기능을 담당하며 외부 항원이나 미생물 침입 시 1차적인 방어 역할을 하는 것은?

① 각질 형성 세포
② 멜라닌 세포
③ 랑게르한스 세포
④ 머켈 세포

답안표기란				
48	①	②	③	④
49	①	②	③	④
50	①	②	③	④
51	①	②	③	④
52	①	②	③	④
53	①	②	③	④
54	①	②	③	④

55 해부생리학적으로 림프절의 주된 기능은?

① 림프액을 펌프질하여 전신으로 순환시킨다.
② 노폐물과 독소를 정화하고 림프구를 생산한다.
③ 혈액의 산소와 영양분을 조직 세포에 직접 공급한다.
④ 체온 조절을 위한 땀을 분비한다.

56 피부 관리실에서 사용하는 우드 램프 진단 시, 푸른색 형광으로 관찰되는 피부 상태는?

① 정상 피부(옅은 청백색)
② 피지 과다 분비로 인한 유분
③ 건조 및 수분 부족 피부
④ 곰팡이 감염 부위

57 미용업소에서 발생 가능한 곰팡이성 질환이며, 주로 발가락 사이나 발바닥에 발생하며 기구 소독에 주의해야 하는 것은?

① 농가진
② 무좀
③ 단순 포진
④ 옴

58 피부의 진피층이 노화되어 콜라겐과 탄력 섬유가 변성 및 감소할 때, 외부에서 유효 성분을 투입하여 개선할 수 있는 가장 주된 목표는?

① 표피의 멜라닌 생성 억제
② 진피 내 섬유아세포의 활성화
③ 피지선의 활동 억제
④ 피부 표면의 각질층 제거

59 공중위생관리법상 미용사 면허증 대여 행위가 적발되었을 때, 미용사에게 내려지는 행정 처분 기준은?

① 1차 위반: 영업장 폐쇄 명령
② 1차 위반: 면허 정지 6개월
③ 1차 위반: 면허 취소
④ 2차 위반: 영업 정지 3개월

60 화장품에 사용되는 성분 중, 주름 개선 기능성 고시 성분으로 세포 재생 및 콜라겐 합성을 돕지만, 빛과 열에 약해 밤에 사용하는 제품에 주로 사용되는 것은?

① 나이아신아마이드
② 레티놀
③ 알부틴
④ 토코페롤

답안표기란	
55	① ② ③ ④
56	① ② ③ ④
57	① ② ③ ④
58	① ② ③ ④
59	① ② ③ ④
60	① ② ③ ④

파이널 CBT 실전모의고사 정답 및 해설

파이널 CBT 실전모의고사 제1회

01	02	03	04	05	06	07	08	09	10	11	12	13	14	15	16	17	18	19	20
④	①	③	③	②	④	③	④	②	①	②	②	④	②	①	②	②	③	③	②
21	22	23	24	25	26	27	28	29	30	31	32	33	34	35	36	37	38	39	40
③	③	②	③	④	①	③	②	②	③	③	③	②	③	②	③	②	③	①	②
41	42	43	44	45	46	47	48	49	50	51	52	53	54	55	56	57	58	59	60
④	④	②	③	②	③	④	③	②	③	④	③	③	③	③	②	③	②	③	②

★★★
01 ▶ ④
진피의 기질은 세포와 섬유 사이를 채우는 물질로, 히알루론산 등 다당류가 주성분이며 피부의 수분 저장 및 탄성에 필수적인 역할을 한다.

★★
02 ▶ ①
턱 주변의 근육 긴장은 안면의 혈액 및 림프 순환을 방해하여 피부 문제의 원인이 될 수 있으므로, 이완시켜야 한다.

★★
03 ▶ ③
건열 멸균법은 습열 멸균법(고압 증기)보다 멸균에 필요한 온도와 시간이 더 오래 걸리는 것이 일반적이다.

★★★
04 ▶ ③
초음파는 조직 내부에 고속 진동을 일으켜 마찰열을 발생시키며, 이 열 작용이 신진대사 촉진에 기여한다.

★★★
05 ▶ ②
아데노신은 주름 개선 기능성 원료로, 진피층의 섬유아세포를 활성화하여 콜라겐 및 탄력 섬유 합성을 촉진한다.

★
06 ▶ ④
현대적인 전기 장비를 이용한 이온 영동법은 고대 로마의 피부 이용법과 거리가 멀다.

★★★
07 ▶ ③
진피층의 콜라겐과 탄력 섬유가 감소하면 피부가 지탱력을 잃어 주름과 탄력 저하가 발생한다.

★★★
08 ▶ ④
하악 림프절은 턱선과 턱 밑 부위의 림프액을 모아 경부 림프절을 거쳐 최종적으로 쇄골 부위로 배출되도록 한다.

★★★
09 ▶ ②
1회용 면도기 재사용 금지는 미용 기구의 위생 및 청결 유지에 관한 기준이다.

★★
10 ▶ ①
음이온 성분을 피부에 밀어 넣기 위해서는 관리사의 전극이 음극이어야 하며, 피부에 전류가 흐르도록 고객은 양극을 쥐어야 한다.

★
11 ▶ ②
폴리에틸렌 글리콜은 유화 작용을 돕는 계면활성제나 화장품 성분을 녹이는 용매로 널리 사용된다.

★★
12 ▶ ②
지성 피부는 피지 분비가 과다하므로, 피지 조절, 항염, 모공 청결 유지가 가장 중요한 관리 목표이다.

13 ▸ ④

자유 신경 종말은 통증과 온도 변화를 느끼는 감각 수용체이며, 통증 감각만을 전담한다.

14 ▸ ②

내분비 계통은 호르몬을 분비하여 신진대사, 피부 색소 침착, 피지 분비 등 전반적인 피부 상태를 조절한다.

15 ▸ ①

공중위생관리법 제11조에 따라 면허 정지 기간 중 영업을 계속하면 영업장 폐쇄 명령을 받을 수 있다.

16 ▸ ②

스프레이 & 토너 기기는 미스트 형태로 피부에 토너 등을 분사하여 잔여물을 헹구거나 피부를 정리할 때 사용된다.

17 ▸ ②

이산화티타늄과 산화아연은 무기계(물리적) 자외선 차단 성분으로, 피부 표면에 막을 형성하여 자외선을 튕겨내는 원리로 작용한다.

18 ▸ ③

마사지의 촉각은 신경계를 직접 자극하여 통증 완화, 긴장 이완, 심신 안정 등 심리적/신경적 진정 효과를 가장 먼저 유발한다.

19 ▸ ③

모유두는 모구의 맨 아래쪽에 위치하며 모세혈관과 신경이 들어 있어 모발 성장에 필요한 영양분을 공급한다.

20 ▸ ②

승모근은 목 뒷부분부터 어깨, 등 중앙에 걸쳐 넓게 분포하며, 긴장 시 목과 어깨 통증, 두통 등을 유발하는 대표적인 근육이다.

21 ▸ ③

소독된 기구는 다시 오염되지 않도록 소독된 용기나 자외선 소독기 내에 보관해야 위생적이다.

22 ▸ ③

고주파는 심부열을 발생시켜 피부 온도를 높이는 효과가 있으며, 모공 수축이나 진정과는 거리가 멀다.

23 ▸ ②

클렌징 오일은 유성 성분으로 메이크업 잔여물을 녹여 자극이 적으며, 특히 건성 피부에 유용하다.

24 ▸ ③

효소 딥 클렌징은 물리적 마찰 없이 효소가 묵은 각질의 단백질 결합을 분해하여 제거하므로, 자극이 적다.

25 ▸ ④

기저층은 표피의 가장 깊은 층으로, 세포 분열이 일어나고, 멜라닌 세포가 멜라닌을 생성하는 곳이다.

26 ▸ ①

팔의 림프액은 대부분 겨드랑이(액와) 림프절로 모이므로, 팔 관리 시 액와 림프절을 먼저 자극해야 한다.

27 ▸ ③

공중위생관리법 제17조에 따라 위생교육은 영업 신고를 하기 전 또는 부득이한 경우 영업 개시 후 6개월 이내에 받아야 한다.

28 ▸ ②

스티머 작동 시 오존이 발생하는 모델의 경우, 오존의 살균 효과와 함께 모공을 열어 노폐물 배출을 돕는다.

29 ▸ ②

O/W 에멀전은 연속상이 물이며 분산상이 오일이므로, 사용감이 가볍고 산뜻한 수성 타입의 제형이다.

30 ▸ ③

피부 수분 함량은 환경 변화에 가장 민감하게 반응하며, 모든 피부 문제의 기본 원인이 되므로 진단 시 중요하게 파악한다.

31 ▸ ③

에크린 땀샘은 전신, 특히 손발바닥에 분포하며 땀의 증발열을 통해 체온을 조절하는 주요 역할을 한다.

32 ▸ ③

소화기 계통 중 장(대장)의 연동 운동 방향이 시계 방향이므로, 소화 촉진과 배변 활동을 돕기 위해 복부 마사지는 시계 방향으로 한다.

33 ▶ ③

영업장 면적의 증축 등 대통령령으로 정하는 중요 사항을 변경할 경우 미리 시장 · 군수 · 구청장에게 신고해야 한다.

34 ▶ ②

갈바닉 기기는 직류 전류를 사용하며, 극성 변화 없이 일정한 방향으로만 흐른다.

35 ▶ ②

카보머는 아크릴산계 고분자로, 물에 녹아 점증제로 사용되며, 산뜻한 젤 제형 등을 만드는 데 필수적이다.

36 ▶ ③

고객과의 충분한 소통과 친절한 응대는 고객의 심리적 안정과 만족도를 높이는 가장 중요한 서비스 요소이다.

37 ▶ ②

증식기는 염증기 이후에 오며, 섬유아세포가 활발하게 생성되어 상처 부위를 채우는 육아 조직을 형성하는 시기이다.

38 ▶ ②

정맥류는 혈관이 늘어나 약해진 상태이므로, 강한 압을 가하면 혈관이 손상되거나 파열되어 합병증을 유발할 위험이 있다.

39 ▶ ①

공중위생관리법에 따라 면허를 타인에게 대여한 경우 횟수에 관계없이 면허를 취소해야 한다.

40 ▶ ②

초음파의 주요 효과는 미세한 진동을 통해 세포 조직을 마사지하고 신진대사를 촉진하는 것이다.

41 ▶ ④

무기 안료의 침전은 안정성 문제일 수 있으나, 변질(산패, 미생물 오염 등)의 주요 원인은 아니다.

42 ▶ ④

토코페롤은 강력한 항산화제이지만, 자외선 차단제의 기능성 원료로 사용되지는 않는다.

43 ▶ ②

지성 건조 피부는 피부 표면에 피지 분비는 많으나, 수분 함량이 낮아 건조함과 당김을 느끼는 상태이다.

44 ▶ ③

기미는 자외선 외에 호르몬 변화가 주요 원인 중 하나이며, 주로 얼굴 중앙부에 대칭적으로 발생하는 색소 질환이다.

45 ▶ ②

쇄골 상부 림프절은 전신의 림프액이 최종적으로 모이는 곳 중 하나로, 이 부위를 자극하여 림프 순환을 촉진한다.

46 ▶ ③

공중위생관리법 시행규칙에 따라 개선 명령은 특별한 사유가 없는 한 1개월 이내의 기간을 정하여 이행할 것을 명한다.

47 ▶ ④

나노 입자는 흡수는 증가하지만, 그 자체로 피부 자극이 최소화되는 것을 보장하지 않으며, 새로운 독성 문제가 제기될 수 있다.

48 ▶ ③

진피층의 콜라겐과 탄력 섬유가 감소하면 피부가 지탱력을 잃어 주름과 탄력 저하가 발생한다.

49 ▶ ②

자외선은 투과력이 낮아 그림자 부분에는 소독 효과가 없으므로, 소독할 기구가 자외선에 직접 노출되어야 효과를 본다.

50 ▶ ③

공중위생관리법에 따라 위생교육은 영업 신고를 하기 전 또는 부득이한 경우 영업 개시 후 6개월 이내에 받아야 한다.

51 ▶ ③

랩은 피부와 외부 공기와의 접촉을 차단하는 강력한 밀폐 효과를 발생시켜, 그 아래 바른 유효 성분의 피부 침투와 흡수를 극대화한다.

52 ▶ ④

흉쇄유돌근은 목 주변의 큰 근육으로, 이완 시 목의 긴장을 풀어주고 두부로의 혈액 및 림프 순환을 개선하는 데 도움을 준다.

53 ▶ ③

피지선에서 분비된 피지는 땀과 섞여 피부 표면에 약산성의 피지 보호막을 형성하여 피부를 보호한다.

54 ▶ ③

과립층은 케라토하이알린 과립이 생성되고 세포 핵이 소실되기 시작하며, 각질화가 실질적으로 시작되는 층이다.

55 ▶ ③

대장의 내용물 이동 방향이 시계 방향이므로, 이 방향을 따라 마사지해야 배변 활동 및 소화기 순환에 효과적이다.

56 ▶ ③

우드 램프는 특정 파장의 자외선을 이용하여 피부의 상태를 형광 반응으로 진단하는 데 사용된다.

57 ▶ ②

포도상구균은 미용 기구 등을 통해 전파될 수 있는 대표적인 세균성 감염병으로, 피부에 화농성 염증을 유발한다.

58 ▶ ③

섬유아세포는 진피층의 주요 세포로, 콜라겐, 탄력 섬유, 기질 등을 합성하여 피부의 구조를 유지하고 재생시킨다

59 ▶ ③

공중위생관리법상 1차 위반에 대해 영업 정지 처분을 받은 후 1년 이내에 2차 위반 시 영업장 폐쇄 명령을 받게 된다.

60 ▶ ②

무기 색소는 광물에서 유래하며, 안정성이 높고 발색력은 유기 색소보다 약하지만, 자극이 적어 화장품에 널리 사용된다.

01	02	03	04	05	06	07	08	09	10	11	12	13	14	15	16	17	18	19	20
③	③	④	②	③	②	②	③	②	③	②	②	③	②	④	②	②	③	②	③
21	22	23	24	25	26	27	28	29	30	31	32	33	34	35	36	37	38	39	40
③	③	②	②	③	③	②	②	②	③	③	①	④	②	③	④	①	③	②	②
41	42	43	44	45	46	47	48	49	50	51	52	53	54	55	56	57	58	59	60
③	④	④	②	③	③	③	②	③	③	③	③	③	③	②	③	②	②	③	②

★★★
01　▶ ③

과립층은 세포가 각질화되면서 핵이 소실되기 시작하고 케라토하이알린 과립이 형성되는 층이다.

★★
02　▶ ③

안륜근은 눈 주변을 원형으로 둘러싸고 있는 근육으로, 눈을 감거나 찡그리는 역할을 한다.

★★★
03　▶ ④

영업소 외의 장소에서 미용업무를 할 수 없다는 것은 영업 장소에 대한 규제이지, 영업소 내의 시설 및 설비 기준은 아니다.

★★★
04　▶ ②

이온토포레시스는 직류 전류의 이온 이동 원리를 이용해 화장품의 이온 성분을 피부 깊이 침투시키는 기기이다.

★★★
05　▶ ③

알부틴은 식약처가 인정한 대표적인 미백 기능성 성분으로, 멜라닌 생성을 담당하는 효소의 작용을 억제한다.

★
06　▶ ②

고대 그리스는 신체를 단련하는 문화가 발달했으며, 마사지는 운동 선수들의 건강 증진 및 근육 이완을 위해 주로 사용되었다.

★★★
07　▶ ②

콜라겐 섬유는 진피의 90% 이상을 차지하며, 피부에 강한 장력을 제공하여 형태를 유지하는 역할을 한다.

★★★
08　▶ ③

림프관은 피부 표면에 얕게 위치하므로, 림프액의 흐름만 유도할 수 있도록 피부 표면을 가볍게 늘이는 정도의 약한 압력이 적절하다.

★★★
09　▶ ②

1회용 면도기는 감염병 예방을 위해 재사용이 원칙적으로 금지되며, 사용 후 즉시 폐기해야 한다.

★★
10　▶ ③

음극(−)은 알칼리 반응을 일으켜 피부 조직을 이완시키고 모공을 확장시키며 혈액 순환을 촉진하는 작용을 한다.

★★★
11　▶ ②

나이아신아마이드는 비타민 B3 유도체로, 미백 및 주름 개선 기능성을 모두 가지며 멜라닌 이동 억제 효과가 있다.

★★
12　▶ ②

수분 부족 지성 피부는 피지 분비는 왕성하나, 수분 함량이 낮아 피부 속 당김을 느끼는 것이 특징이다.

★★
13　▶ ③

피지의 성분 중 트리글리세라이드(중성 지방)가 약 50% 이상을 차지하여 가장 많은 비중을 차지한다.

★★
14　▶ ②

림프계는 혈액 순환계와 별도로 존재하며, 조직액이 모인 림프액을 운반하여 노폐물과 독소를 제거하는 역할을 한다.

★★
15　▶ ④

종사자 수 변경은 영업 신고의 중요 변경 사항에 해당하지 않으며, 영업소의 명칭, 주소, 중요 시설 변경 등이 변경 신고 대상이다.

★★
16　▶ ②

브러시 기기는 부드러운 브러시의 회전을 이용해 기계적인 마찰을 일으켜 딥 클렌징 및 각질 제거를 수행한다.

17 ▶ ②

산화아연은 무기계 차단제로, 피부에 흡수되지 않고 표면에서 자외선을 반사시켜 피부 자극이 적다.

18 ▶ ③

매뉴얼 테크닉은 신진대사와 순환을 촉진하여 피부 상태를 개선하지만, 피지선 활동을 강력하게 억제하는 것은 주된 효과가 아니다. 피지선 억제는 화장품이나 특정 기기의 역할이다.

19 ▶ ②

유극층은 세포들이 돌기를 내밀어 서로 연결되어 현미경 관찰 시 가시 모양으로 보여 극층이라고도 불린다.

20 ▶ ③

정맥에는 판막이 있어 혈액의 역류를 막으므로, 마사지를 통해 심장 쪽으로의 혈액 흐름을 유도해야 효율적이다.

21 ▶ ③

공중위생관리법에 따라 면허 대여는 횟수와 관계없이 면허 취소 사유이다. ①은 영업장 폐쇄 명령 사유이다.

22 ▶ ③

스킨 스크러버는 초음파의 고속 미세 진동을 이용하여 피부 표면의 노폐물과 각질을 분리, 제거하는 딥 클렌징 기기이다.

23 ▶ ②

실리콘 오일은 피부에 흡수되지 않고 가벼운 막을 형성하여 산뜻하고 매끄러운 사용감을 주지만, 유분감이 적다.

24 ▶ ②

특정 화장품 성분에 대한 알레르기 반응은 부작용 예방을 위한 가장 중요한 민감성 관련 정보이다.

25 ▶ ③

피하 조직은 지방 세포가 주를 이루며, 체온 유지, 에너지 저장, 외부 충격 흡수 역할을 한다.

26 ▶ ③

손과 팔의 림프액은 액와 림프절(겨드랑이)로 모이므로, 관리를 시작하기 전에 이곳을 먼저 자극하여 림프 순환 통로를 열어주어야 한다.

27 ▶ ②

위생관리의무 위반으로 개선 명령을 받고 이행하지 않으면 2차 위반으로 간주되어 영업 정지 1개월 처분을 받는다.

28 ▶ ②

적외선 램프는 열 작용을 통해 피부 온도를 상승시키고 혈액 순환을 촉진하여 유효 성분 흡수를 돕는다.

29 ▶ ②

W/O 에멀전은 연속상이 오일이므로 유분감이 많아 보습력이 뛰어나며, 피부에 밀폐막을 형성하는 데 유리하다.

30 ▶ ③

토너는 유분감을 부여하는 것이 아니라, pH 밸런스를 맞추고 결을 정돈하며 진정시키는 역할을 한다.

31 ▶ ③

휴지기는 모발 성장이 멈추고 모낭이 수축하며 모발이 탈락할 준비를 하는 단계이다.

32 ▶ ①

대장의 연동 운동 방향이 시계 방향이므로, 이 방향을 따라 마사지해야 장운동 촉진에 효과적이다.

33 ▶ ④

미용사의 품위를 손상하는 행위는 공중위생관리법상 면허 정지 사유이다. ①은 면허 취소 사유이다.

34 ▶ ②

음극(−)을 이용할 때는 같은 극끼리 밀어내는 원리를 이용하므로, 음이온 성분을 투입하는 데 적합하다.

35 ▶ ③

미네랄 오일은 대표적인 밀폐형 유성 성분으로, 피부에 강력한 막을 형성하지만, 모공 막힘을 유발할 우려가 있다.

36 ▶ ④

고객 차트는 관리 계획 수립, 안전성 확보, 이력 관리가 주 목적이며, 관리사의 기술 홍보는 주 목적이 아니다.

37 ▶ ①

염증기는 상처 발생 직후 혈액 응고를 통해 출혈을 멈추고 염증 반응을 유발하여 치유를 시작하는 단계이다.

38 ▶ ③

림프액은 조직액이 모인 것으로, 노폐물과 독소를 운반하고 면역 세포가 풍부하다. 심장이 아닌 근육 수축과 호흡 등으로 순환한다.

39 ▶ ②

소독된 기구는 오염을 막기 위해 소독된 용기나 자외선 소독기 내에 보관해야 한다.

40 ▶ ②

스킨 스크러버는 초음파 진동을 이용하여 피부에 부착된 피지와 각질을 물리적으로 분리하고 밀어내는 역할을 한다.

41 ▶ ③

화장품에 물을 섞으면 방부력이 약해져 미생물 증식 및 변질 위험이 커진다.

42 ▶ ④

건강한 피부는 pH 4.5~6.5의 약산성이며, 이 약산성 보호막이 외부 미생물로부터 피부를 보호한다.

43 ▶ ④

검버섯(지루각화증)은 주로 40대 이후에 발생하며, 피부 표면이 두꺼워지는 특징을 보인다.

44 ▶ ②

이마의 가로 주름은 전두근의 수축으로 발생하며, 이를 가로 방향으로 풀어주어 이완시킨다.

45 ▶ ③

영업장 면적 변경은 대통령령으로 정하는 중요 사항을 변경할 경우 미리 신고해야 한다.

46 ▶ ③

냉각은 혈관과 피부 조직을 수축시키므로, 피부 조직 이완과는 반대되는 작용이다.

47 ▶ ③

미네랄 오일은 광물성 오일로, 강력한 밀폐 효과와 높은 점성을 가지며 화장품에 널리 사용된다.

48 ▶ ③

클렌징은 피부 청결이 주 목적이며, 피부의 턴오버 주기를 직접적으로 단축시키는 역할은 하지 않는다.

49 ▶ ③

루피니 소체는 따뜻함을 감지하는 감각 수용체로, 진피 깊은 곳에 위치한다.

50 ▶ ③

림프관은 정맥과 마찬가지로 판막이 있어 낮은 압력으로 흐르는 림프액의 역류를 방지한다.

51 ▶ ③

공중위생관리법 시행규칙에 따라 영업의 폐업은 폐업일로부터 20일 이내에 신고해야 한다.

52 ▶ ③

적외선은 열 작용을 하며, 살균 및 소독 작용은 주로 자외선이나 고주파 기기의 역할이다.

53 ▶ ③

미네랄 오일은 피부에 흡수되지 않고 표면에 머무르면서 밀폐막을 형성하여 수분 증발을 막는 광물성 오일이다.

54 ▶ ③

랑게르한스 세포는 표피에 위치하는 면역 세포로, 피부 방어에 중요한 역할을 한다.

55 ▶ ②

림프절은 림프액이 모이는 곳으로, 림프액을 정화하고 림프구를 생산하여 면역 작용을 한다.

56 ▶ ③

우드 램프 관찰 시 건조 또는 수분 부족 피부는 옅은 청백색(파란색)을 띠는 경우가 많다.

57 ▶ ②

무좀은 피부사상균에 의한 곰팡이성 감염 질환으로, 기구를 통해 전파될 수 있어 소독에 주의해야 한다.

58 ▶ ②

진피 노화는 섬유아세포의 기능 저하가 원인이므로, 유효 성분 투입의 주 목표는 섬유아세포를 활성화하여 콜라겐 합성을 촉진하는 것이다.

59 ▶ ③

공중위생관리법에 따라 면허증 대여는 횟수에 관계없이 면허 취소 처분을 받는다.

60 ▶ ②

레티놀(비타민 A 유도체)은 주름 개선 기능성 성분이며, 빛과 열에 불안정하여 안정화시키거나 야간 사용 제품에 첨가한다.

PART

04

최빈출 실전 60제

최빈출 실전 60제

빈출 01 #소독의 목적

소독의 목적에 대한 설명으로 옳은 것은?

① 병원체를 모두 제거하여 무균 상태로 만든다.
② 병원체의 일부를 사멸시켜 감염 가능성을 줄인다.
③ 병원체의 활동을 촉진한다.
④ 오염된 기구를 재사용 가능하게 만든다.

소독은 멸균과 달리 병원체를 "감염되지 않을 정도로"만 감소시키는 것이다.

빈출 02 #각질형성세포

피부의 표피층 중 각질형성세포가 존재하는 곳은?

① 기저층
② 유극층
③ 과립층
④ 각질층

각질형성세포는 주로 유극층에서 활성적으로 존재하여 각질층을 형성한다.

빈출 03 #피지선의 기능

피지선의 기능으로 맞는 것은?

① 땀을 분비하여 체온을 조절한다.
② 지방을 분비하여 피부를 유연하게 한다.
③ 각질을 제거한다.
④ 진피를 두껍게 만든다.

피지선은 지방(피지)을 분비하여 피부를 부드럽게 하고 수분 증발을 방지한다.

빈출 04 #자외선차단제의 SPF

자외선차단제의 SPF는 주로 어떤 자외선 차단 정도를 나타내는가?

① UVA
② UVB
③ UVC
④ 적외선

SPF는 UVB 차단 지수를 나타내며, PA는 UVA 차단 지수를 나타낸다.

위생관리에서 손소독 시 권장되는 알코올 농도는?

① 40~50%
② 60~70%
③ 80~90%
④ 30% 이하

60~70% 에탄올이 단백질 변성을 가장 효율적으로 유도한다.

진피층에 존재하지 않는 것은?

① 교원섬유
② 탄력섬유
③ 멜라닌세포
④ 모세혈관

멜라닌세포는 표피의 기저층에 존재한다.

표피층 중 세포분열이 일어나는 곳은?

① 각질층
② 과립층
③ 유극층
④ 기저층

기저층의 기저세포가 분열하여 새로운 세포를 형성한다.

공중위생관리법상 '영업자 준수사항'으로 옳지 않은 것은?

① 작업복을 착용한다.
② 기구를 항상 청결히 유지한다.
③ 허가 없이 업종을 변경할 수 있다.
④ 감염병자가 근무하지 않도록 한다.

업종 변경 시 반드시 허가를 받아야 한다.

진피층 구성 성분 중 피부 탄력에 관여하는 것은?

① 케라틴
☑ **콜라겐**
③ 멜라닌
④ 케라토하이알린

콜라겐 섬유는 진피의 탄력을 유지하는 주요 단백질이다.

공중위생관리법상 행정처분 기준 중 위생불량 영업소에 대한 조치는?

① 과태료
☑ **영업정지**
③ 경고
④ 형사처벌

위생상태가 불량하면 일정 기간 영업정지 처분을 받을 수 있다.

림프 순환의 주요 방향은?

① 동맥 → 정맥
☑ **모세혈관 → 림프절 → 정맥**
③ 정맥 → 동맥
④ 림프절 → 모세혈관

림프는 모세혈관에서 시작해 림프절을 거쳐 정맥으로 합류한다.

미용사(피부) 영업신고 시 관할 기관은?

① 시·도 교육청
☑ **시·군·구청**
③ 경찰서
④ 보건복지부

미용업은 시·군·구청 위생과에 신고한다.

땀샘의 주요 기능으로 옳은 것은?

① 피지 분비
② 체온 조절
③ 색소 생성
④ 피지층 형성

땀샘은 땀 분비를 통해 증발열로 체온을 조절하는 기능을 한다.

천연보습인자(NMF)가 주로 존재하는 위치는?

① 진피층
② 각질층
③ 피지선
④ 땀샘

천연보습인자(NMF)는 각질층 내에서 수분을 유지하는 역할을 한다.

혈액의 구성 성분 중 산소를 운반하는 것은?

① 백혈구
② 적혈구
③ 혈소판
④ 혈장

적혈구의 헤모글로빈이 산소를 운반한다.

노화 방지 화장품의 주성분으로 레티놀의 모체가 되는 비타민은?

① 비타민 A
② 비타민 B
③ 비타민 C
④ 비타민 E

레티놀은 비타민 A의 일종으로 주름 개선 및 세포 재생 효과가 탁월하다.

메뉴얼 테크닉의 동작 중 손가락 끝으로 피부를 두드리는 동작은?

① 경찰법
② **고타법** ✓
③ 유연법
④ 진동법

고타법은 두드리기 동작으로 혈액순환 촉진과 탄력 부여에 효과적이다.

표피 세포 중 케라티노사이트의 주요 기능은?

① **각질층 형성 및 장벽 유지** ✓
② 멜라닌 생성
③ 피지 분비
④ 땀 분비

케라티노사이트는 표피에서 각질층을 형성하고 장벽을 유지한다.

림프 드레나쥐의 기본 원칙으로 틀린 것은?

① 아주 약한 압력을 유지한다.
② 림프절 방향으로 관리한다.
③ 일정한 리듬과 속도를 유지한다.
④ **근육을 깊게 자극하는 강찰법을 사용한다.** ✓

림프절은 예민하므로 매우 가벼운 압력을 사용해야 하며 심부 근육 자극은 피해야 한다.

피부장벽 회복을 돕는 성분으로 적절한 것은?

① **세라마이드, 콜레스테롤, 지방산** ✓
② 살리실산, 글리콜산
③ 벤조일퍼옥사이드
④ 과산화수소

세라마이드 · 콜레스테롤 · 지방산은 각질층 지질 구성요소로 피부장벽 회복에 필수적이다.

피부의 pH가 알칼리성으로 치우치면 발생하기 쉬운 문제는?

☑ **세균 증식 증가 및 장벽 손상**
② 멜라닌이 감소하여 백반증 유발
③ 즉각적인 주름 개선
④ 모발 굵기 증가

피부가 알칼리화되면 보호막이 손상되어 미생물 증식·자극에 취약해진다.

화장품 성분 중 보습제로 주로 쓰이는 것은?

☑ **글리세린**
② 살리실산
③ 티타늄디옥사이드
④ 알코올

글리세린은 각질층에 수분을 공급하고 유지하는 대표적인 보습제이다.

에크린 땀샘의 기능은?

☑ **체온 조절**
② 피지 분비
③ 모발 성장 촉진
④ 색소 합성

에크린 땀샘은 전신에 분포하며 주로 체온 조절을 위해 땀을 분비한다.

모공 속 피지와 각질이 쌓이는 과정에서 생성되는 여드름 초기 병변은?

① 농포
☑ **모공각화(면포)**
③ 낭종
④ 결절

모공각화로 인한 면포가 여드름 초기 병변이다.

빈출 25 #진피층 구성 섬유

진피층을 구성하는 주요 섬유 중, 피부의 탄력성을 회복하는 능력과 직접적인 관련이 있으며, 노화 시 가장 먼저 변성되기 시작하는 것은?

① 콜라겐 섬유
② 망상 섬유
③ 탄력 섬유
④ 기질

탄력 섬유는 피부의 탄력성(늘어났다 돌아오는 성질)을 담당하며, 자외선 노화에 가장 민감하게 반응한다.

빈출 27 #영업장 폐쇄 명령

공중위생관리법상 미용업 영업 신고자가 영업장 폐쇄 명령을 받고도 계속 영업을 할 경우, 부과될 수 있는 최대 처벌 수위는?

① 6개월 이하의 징역 또는 500만원 이하의 벌금
② 1년 이하의 징역 또는 1천만원 이하의 벌금
③ 2년 이하의 징역 또는 2천만원 이하의 벌금
④ 3년 이하의 징역 또는 3천만원 이하의 벌금

공중위생관리법에 따라 영업 폐쇄 명령을 받고 계속 영업한 자는 1년 이하의 징역 또는 1천만원 이하의 벌금에 처한다.

빈출 26 #자외선 A

자외선 A가 피부에 미치는 영향으로 가장 거리가 먼 것은?

① 피부 깊은 진피층의 콜라겐 변성 및 노화 유발
② 멜라닌 색소를 즉시 산화시켜 피부를 검게 만듦
③ 일광 화상 유발 및 비타민 D 합성 촉진
④ 면역 세포 기능을 저하시켜 피부 방어력 약화

일광 화상 유발 및 비타민 D 합성 촉진은 자외선 B의 주된 영향이다. 자외선 A는 진피 노화와 즉시형 색소 침착을 유발한다.

빈출 28 #미용 기구 및 용품의 소독법

미용 기구 및 용품의 소독 방법 중, 미생물의 아포까지 사멸시킬 수 있는 가장 확실하고 강력한 소독 방법으로, 고압증기멸균기를 사용하는 것은?

① 습열 소독법
② 자외선 소독법
③ 화학적 소독법
④ 건열 소독법

고압증기멸균법은 습열 소독법의 일종으로, 가장 강력한 멸균력을 가진다.

빈출 29 #영업자가 준수해야 할 위생관리기준

공중위생관리법상 영업자가 준수해야 할 위생관리기준 중, 1회용 면도기를 재사용하는 행위에 대해 규정하고 있는 것은?

① 시설 및 설비 기준
② 미용 기구 소독 및 청결 유지 기준
③ 영업자 및 종사자의 건강 관리 기준
④ 영업 신고 및 변경 신고 기준

1회용 면도기 재사용 금지는 미용 기구의 위생 및 청결 유지에 관한 기준이다.

빈출 31 #건성 피부의 특징

건성 피부의 특징이 아닌 것은?

① 유분 부족
② 각질 증가
③ 피지 과다
④ 잔주름 발생 용이

건성 피부는 피지 분비가 적어 건조하고 잔주름이 잘 생긴다.

빈출 30 #진피층 세포

피부의 진피층에서 콜라겐과 탄력 섬유를 생산하고 피부 재생의 핵심적인 역할을 수행하는 세포는?

① 멜라닌 세포
② 각질 형성 세포
③ 섬유아세포
④ 랑게르한스 세포

섬유아세포는 진피층의 주요 세포로, 콜라겐, 탄력 섬유, 기질 등을 합성하여 피부의 구조를 유지하고 재생시킨다.

빈출 32 #미용사 면허증 대여 행위

공중위생관리법상 미용사 면허증 대여 행위에 대한 행정처분 기준으로 옳은 것은?

① 1차 위반: 면허 취소
② 1차 위반: 면허 정지 6개월
③ 2차 위반: 영업장 폐쇄
④ 2차 위반: 면허 정지 1년

공중위생관리법에 따라 면허를 타인에게 대여한 경우 횟수에 관계없이 면허를 취소해야 한다.

미용업 영업자가 위생교육을 받아야 하는 시기로 옳은 것은?

① 영업 신고를 한 날부터 1년이 되는 날까지
② 매년 12월 31일까지
③ **영업 신고를 하기 전 또는 영업 개시 후 6개월 이내**
④ 영업 신고 수리 후 3개월 이내

공중위생관리법에 따라 위생교육은 영업 신고를 하기 전 또는 부득이한 경우 영업 개시 후 6개월 이내에 받아야 한다.

벨벳 마스크 사용 시 기포를 제거해야 하는 이유는?

① 기포가 생기면 마스크의 모양이 예쁘지 않기 때문이다.
② **마스크의 성분이 피부에 기포가 생기는 부분에는 침투하지 않기 때문이다.**
③ 기포가 생기면 마스크의 적용시간이 없기 때문이다.
④ 기포가 생기면 고객이 불편해하기 때문이다.

벨벳 마스크 시 밀착하여 기포가 생기지 않도록 해야 피부에 성분이 골고루 침투되기 때문이다.

육안을 확대하여 피부를 자세히 판독하는 기기는?

① 우드램프
② 스킨 스코프
③ **확대경**
④ 현미경

확대경은 육안을 확대하여 피부를 자세히 판독하는 기기이다.

피지선이 존재하지 않는 부위는?

① 코
② 이마
③ **손바닥**
④ 가슴

손바닥과 발바닥에는 피지선이 존재하지 않는다.

피부 재생 주기는 일반적으로 며칠인가?

① 약 28일
② 약 14일
③ 약 45일
④ 약 7일

표피 세포는 약 28일 주기로 교체된다.

림프의 주요 기능이 아닌 것은?

① 노폐물 운반
② 면역 작용
③ 산소 운반
④ 체액 조절

산소는 혈액의 적혈구가 운반하며, 림프는 면역 · 노폐물 배출 기능을 담당한다.

지성 피부용 클렌징 시 주의사항은?

① 과도한 세정으로 인한 장벽 손상 방지
② 강한 세정제 반복 사용
③ 보습제 사용 금지
④ 고농도 알코올 사용

과도한 세정은 피지 과다 및 장벽 손상을 유발하므로 주의가 필요하다.

다음 중 계면활성제의 기능이 아닌 것은?

① 세정
② 유화
③ 점증
④ 산화

계면활성제는 세정 · 유화 · 점증 작용을 하지만 산화 기능은 없다.

#감염병 예방의 3대 요소

감염병 예방의 3대 요소에 해당하지 않는 것은?

① 병원체
② 감염 경로
③ 숙주
④ 체온

감염병 발생에는 병원체 · 감염 경로 · 숙주가 필수요소이다.

#피부의 미세주름(표정주름)

피부의 미세주름(표정주름)이 생기는 주요 원인은?

① 표피의 즉각적 수분 과다
② 진피의 콜라겐 · 엘라스틴 감소와 반복적 표정근 수축
③ 혈관 확장만으로 발생
④ 손톱의 길이

진피 구조물 손상과 반복적 표정근의 작용이 주름 생성에 기여한다.

#피부의 3대 기능

피부의 3대 기능으로 볼 수 없는 것은?

① 보호 기능
② 분비 기능
③ 감각 기능
④ 소화 기능

피부는 소화 기능이 없으며 보호 · 분비 · 감각 기능이 주기능이다.

#pH의 의미

화학용어에서 'pH'가 의미하는 것은?

① 용액의 점도
② 수소 이온 농도로 용액의 산성도 · 알칼리도
③ 제품의 보존 기간
④ 입자 크기

pH는 수소 이온 농도의 음의 로그 값으로 용액의 산 · 염기성을 나타낸다.

#피부의 수분 유지

피부의 수분 유지에 가장 중요한 층은?

① 진피
② **표피**
③ 피하조직
④ 모낭

표피, 특히 각질층과 천연보습인자가 피부 수분 유지에 핵심적 역할을 한다.

#표피의 기저층

표피의 기저층에서 주로 일어나는 기능은?

① **세포 분열을 통한 새로운 케라티노사이트 생성**
② 피지 분비
③ 땀 분비
④ 멜라닌 제거

기저층의 케라티노사이트는 분열하며 표피를 지속적으로 재생한다.

#피부 탄력성

진피에서 피부 탄력성을 담당하는 주요 단백질은?

① **콜라겐**
② 케라틴
③ 멜라닌
④ 세라마이드

콜라겐은 진피의 주요 구조 단백질로 피부 탄력과 지지력을 유지한다.

#아포크린 땀샘의 특징

아포크린 땀샘의 특징으로 옳은 것은?

① 체온 조절에 주로 관여
② **냄새 유발 물질 분비**
③ 전신에 균일하게 분포
④ 손바닥과 발바닥에 많다

아포크린 땀샘은 겨드랑이 등 특정 부위에 위치하며 냄새를 유발하는 땀을 분비한다.

빈출 49 #화학적 자외선 차단제

화학적 자외선 차단제의 원리는?

✔ **자외선 흡수 후 열로 변환**
② 자외선 반사
③ 피부 표면 코팅
④ 모공 수축

화학적 차단제(유기자외선차단제)는 자외선을 흡수하여 열로 방출한다.

빈출 51 #멜라닌 세포

멜라닌 세포의 위치는?

✔ **표피 기저층**
② 진피
③ 피하조직
④ 땀샘 내부

멜라닌 세포(멜라노사이트)는 표피 기저층에 위치한다.

빈출 50 #피부 장벽 손상

피부 장벽 손상 시 가장 먼저 나타나는 증상은?

① 멜라닌 증가
✔ **수분 손실 증가 및 건조감**
③ 주름 형성
④ 모발 빠짐

피부 장벽이 손상되면 수분 증발이 증가해 건조함과 민감성이 나타난다.

빈출 52 #피부의 주름 형성

피부의 주름 형성과 가장 관련 있는 요인은?

✔ **진피 콜라겐 및 엘라스틴 감소**
② 각질층 두께 증가
③ 피지 분비 증가
④ 멜라닌 생성 감소

진피의 콜라겐과 엘라스틴 감소가 주름과 탄력 저하의 주요 원인이다.

#화학적 필링

화학적 필링 후 관리에서 중요한 것은?

① 자외선 차단과 충분한 보습
② 강한 세정 반복
③ 각질 제거 스크럽
④ 고농도 알코올 사용

필링 후 피부는 민감하므로 자외선 차단과 보습 관리가 중요하다.

#트러블성 피부 관리

트러블성 피부 관리의 원칙으로 옳은 것은?

① 자극 최소화, 청결 유지, 적절한 보습
② 강한 스크럽 반복
③ 고농도 알코올 사용
④ 피지 완전 제거

트러블성 피부는 자극을 줄이고 청결과 보습을 유지하는 것 핵심이다.

#건조한 피부

건조한 피부에서 각질층 두께가 증가하는 원인은?

① 장벽 손상과 반복 자극
② 충분한 보습
③ 피지 과다
④ 멜라닌 증기

반복적인 건조와 자극은 각질층 두께 증가를 유발한다.

#피부 노화의 원인

피부 노화의 주요 외인적 원인은?

① 자외선
② 수면
③ 수분 섭취
④ 운동

자외선은 광노화를 유발하며 주름, 탄력 저하의 원인이 된다.

각질층의 주된 역할은?

① 보호
② 수분 공급
③ 색소 생성
④ 영양 흡수

각질층은 외부 자극과 세균으로부터 신체를 보호한다.

피부 관리실에서 사용하는 스킨 스크러버 기기에 대한 설명으로 옳은 것은?

① 직류 전류를 이용해 각질을 녹여 제거한다.
② 고주파의 심부열을 이용해 피지를 분해한다.
③ 초음파의 미세 진동으로 피지와 각질을 분리하여 제거한다.
④ 오존을 발생시켜 살균 및 소독 작용을 한다.

스킨 스크러버는 초음파의 고속 미세 진동을 이용하여 피부 표면의 노폐물과 각질을 분리, 제거하는 딥 클렌징 기기이다.

피지선에서 번식하여 염증성 여드름을 일으키는 세균으로 옳은 것은?

① 프로피오니박테리움 아크네스
② 포도상구균
③ 대장균
④ 효모균

프로피오니박테리움 아크네스는 피지선 내에서 증식하며 염증성 여드름의 주요 원인균으로 작용한다.

초음파 기기를 사용하여 피부 관리 시 발생하는 주요 효과로, 조직 내부의 마찰열을 발생시켜 혈액 순환 및 세포 활성화에 도움을 주는 작용은?

① 압전 효과
② 기계적 진동
③ 열 작용
④ 미세 박피 작용

초음파는 조직 내부에 고속 진동을 일으켜 마찰열을 발생시키며, 이 열 작용이 신진대사 촉진에 기여한다.

성공은 결코 우연이 아니다. 성공은 노력, 인내, 학습, 공부, 희생,
그리고 무엇보다도 자신이 하고 있거나 배우고 있는 일에 대한 사랑이다.
(Success is no accident. It is hard work, perseverance, learning, studying, sacrifice and most of all,
love of what you are doing or learning to do.)

펠레(Pele)

박문각 자격증 시리즈

피부미용사 필기
8개년 기출문제집 + 무료특강

초판인쇄	2026. 2. 20
초판발행	2026. 2. 25

저자와의
협의 하에
인지 생략

공 저 자	이채영, 안소은, 김연민
발 행 인	박용
출판총괄	김현실
개발책임	이성준
편집개발	김태희, 김소영
마 케 팅	김치환, 최지희
일러스트	㈜ 유미지

발 행 처	㈜ 박문각출판
출판등록	등록번호 제2019-000137호
주　　소	06654 서울시 서초구 효령로 283 서경B/D 6층
전　　화	(02) 6466-7202
팩　　스	(02) 584-2927
홈페이지	www.pmgbooks.co.kr

ISBN	979-11-7519-627-8
정가	15,000원